U0158114

电子设计工程实践(第2版)

陈世文　苑军见　黄东华　编著

国防工业出版社

·北京·

内 容 简 介

本书是指导本科生科技创新课题和参加全国大学生、研究生电子设计竞赛的工作成果总结，注重内容的实践性和实用性。通过3个典型的电子设计案例的完整实现过程，详细讲解利用单片机、FPGA进行电子系统设计的方法、步骤，给出了战略支援部队信息工程大学获全国大学生电子设计竞赛一等奖、中国研究生电子设计竞赛全国总决赛一等奖等部分优秀参赛作品设计实例。全书共分6章，内容包括：电子设计工程实践概述、基础知识与基本技能、基于微控制器的智能环境测控系统设计、基于FPGA的以太网数据传输系统设计、基于GPS和GSM的放射源监控系统设计实例、电子设计竞赛获奖优秀作品实例等。

本书可以作为电子信息类专业学生进行电子制作、课程设计、毕业设计实践的参考书，也可作为参加全国大学生电子设计竞赛、中国研究生电子设计竞赛的参考资料，对毕业求职和电子产品研发人员也具有一定的参考价值。

图书在版编目(CIP)数据

电子设计工程实践／陈世文，苑军见，黄东华编著．
—2版. —北京：国防工业出版社，2020.5
ISBN 978-7-118-10644-2

Ⅰ.①电…　Ⅱ.①陈… ②苑… ③黄…　Ⅲ.①电子电路-电路设计-高等学校-教材　Ⅳ.①TN702

中国版本图书馆CIP数据核字(2020)第053180号

※

*国防工业出版社*出版发行

（北京市海淀区紫竹院南路23号　邮政编码100048）
三河市天利华印刷装订有限公司印刷
新华书店经售

*

开本787×1092　1/16　印张13¾　字数315千字
2020年5月第2版第1次印刷　印数1—1500册　定价38.00元

（本书如有印装错误，我社负责调换）

国防书店：(010)88540777　　　发行邮购：(010)88540776
发行传真：(010)88540755　　　发行业务：(010)88540717

前　言

随着电子技术的飞速发展,EDA、MCU、FPGA、IP Core、SOC 等技术与相关开发工具不断发展、融合,为电子系统的设计与工程实践提供了方便。另一方面,电子设计所涉及的知识面广、内容多而杂,导致初学者很难建立起系统的概念,由于没有享受到小的设计成果所带来的成就感,导致一部分人中途放弃,从此不敢动手、不愿动手,制约了实践动手能力的提高。因此,我们结合指导本科生科技创新课题、组织指导学生参加全国大学生与研究生电子设计竞赛的工作经验总结编写了本书,介绍基于微控制器的智能环境测控系统设计、基于 FPGA 的以太网数据传输系统设计、放射源监控系统等 3 个典型的电子设计作品案例,包括成果演示与软硬件完整实现过程的详细讲解,引导初学者体验利用单片机、FPGA 进行电子系统设计带来的乐趣。同时,给出了战略支援部队信息工程大学获全国大学生电子设计竞赛一等奖、中国研究生电子设计竞赛全国总决赛一等奖等部分优秀参赛作品设计实例,作为指导本科生科技创新课题、全国大学生电子设计竞赛、研究生电子设计竞赛的工作成果总结与大家分享。

本书注重内容的实践性和实用性。采用设计案例剖析法,通过典型的电子设计案例的完整实现过程,给出利用单片机、FPGA 进行电子系统设计的方法、流程与具体实现步骤,目的在于帮助初学者建立系统的概念,明确需要具备的基础知识、基本技能,引导初学者系统学习并掌握相关的开发工具,在确立自己的设计目标后,锻炼进行整体构架设计、规划的能力,并通过具体的软硬件设计、调试过程,提升自己的工程实践能力。

本书是一本综合性较强的实例教程,内容涉及模拟电路、数字电路、单片机技术、C 语言程序开发、EDA 技术、硬件描述语言等方面的知识,对所涉及的课程知识与工具的基本情况进行了简要介绍,读者在了解概貌的基础上,可根据自己的需求参考相关书籍、资料进行深入研究。

本书是在 2012 年出版的《电子设计工程实践》的基础上修订而成的,主要补充、更新了第 3 章中部分内容,调整了第 4 章 FPGA 系统设计与开发实例,将原来的附录部分增设为第 6 章,调整、更新了部分作品内容,增加了中国研究生电子设计竞赛获奖优秀作品介绍。全书共分 6 章,前 2 章主要探讨现代设计理念、实践能力培养和必需的相关背景知识与技能。后 4 章通过实际案例的方法,讲述单片机的应用系统设计实例、FPGA 系统设计实例、电子设计竞赛获奖优秀作品设计实例。各章节具体内容如下。

第 1 章讲述现代电子设计理念与工程应用问题,探讨工程实践能力的培养问题。主要包括:EDA 技术,工程实践能力的培养,电子设计中的 EMC 与抗干扰、可靠性设计、可测性设计、电子系统的故障诊断与排除等内容。

第 2 章讲述基础知识与基本技能。包括:常见基本单元电路,简要介绍模拟、数字电路仿真工具 EWB、Multisim、单片机仿真工具 Proteus、FPGA 开发工具 ISE/Vivado 与 QuartusII、PCB 设计工具 Protel、Altium Designer,PCB 热转印方法,信号发生器、示波器、频谱仪、逻辑分析仪等测试仪器的功能与主要技术指标。

第 3 章讲述基于微控制器的智能环境测控系统设计。从硬件设计、源代码开发、编译调试过程、芯片烧写直到作品功能演示、改进美化，详细讲解了一个单片机应用小系统设计开发的完整过程。给出了设计文件组织结构，SourceInsight 编码方法，主程序、DS18B20 程序、中断程序、按键处理程序、液晶显示程序等详细源代码及其说明。

第 4 章讲述基于 FPGA 的以太网数据传输系统设计。首先介绍设计要求，以及项目所涉及的 FIFO 存储器、UDP 协议的基础知识，然后介绍设计方案和设计实现过程，包括硬件设计，Verilog 代码设计，利用 Chipscope 与 MATLAB 进行调试、板级调试的完整过程。

第 5 章讲述基于 GPS 和 GSM 的放射源监控系统设计实例。包括：总体方案设计，GPS 模块、GSM 模块、单片机模块等硬件设计，单片机终端和远程监控 PC 端软件设计，给出了完整的硬件电路图与程序源代码。

第 6 章介绍电子设计竞赛获奖优秀作品实例。包括：全国大学生电子设计竞赛、中国研究生电子设计竞赛简介，全国大学生电子设计竞赛部分获奖优秀作品的完整设计报告，中国研究生电子设计竞赛部分获奖优秀作品实例简介。

本书的修订由陈世文、苑军见、黄东华等共同完成，其中，陈世文编写第 1 章，第 2 章，第 3 章，第 5 章，第 6 章部分内容，并负责全书的统稿工作；苑军见编写第 4 章，第 6 章 6.6.4、6.6.5、6.6.6 小节，并做了大量文字校对与图表整理工作；黄东华编写第 6 章的 6.4.2、6.5.2 小节。

在本书的修订过程中，得到了许多人的支持与帮助。陈雨林调试编写了第 3 章中的程序并撰写了详细的技术资料，本书第 4 章的作品实例参考了芯驿电子科技（上海）有限公司提供的技术文档，本书第 5 章的作品参考了本科生科技创新项目中张东升、张战韬、张俊等学生的课题成果总结，第 6 章引用了战略支援部队信息工程大学参加电子设计竞赛部分获奖作品的设计报告。此外，本书的编写参考了国内外相关著作与文献，王功明、邢小鹏、韩卓茜、吕世鑫、秦鑫、胡雪若白、陈蒙等研究生在本书的文档整理、编辑、校对过程中做了大量工作，在此一并表示诚挚的感谢。

书中案例源代码可向责任编辑许波建索取（xubojian@ 263. net）。

由于作者水平有限，书中难免存在一些缺点和错误，敬请各位专家、同行和读者批评指正。

作者

2020 年 4 月

目　录

第1章 概 述

1.1 EDA 技术

EDA 技术是在电子 CAD 技术基础上发展起来的,是指以计算机为工作平台,融合了应用电子技术、计算机技术、信息处理及智能化技术的最新成果,进行电子产品的自动设计。利用 EDA 工具,电子设计师可以从概念、算法、协议等开始设计电子系统,大量工作可以通过计算机完成,并可以将电子产品从电路设计、性能分析到设计出 IC 版图或 PCB 版图的整个过程在计算机上自动处理完成。目前,EDA 技术发展迅速,突出表现在以下几个方面:

(1) 使电子设计成果以自主知识产权的方式得以明确表达和确认成为可能。

(2) 在仿真和设计两方面支持标准硬件描述语言的功能强大的 EDA 软件不断推出。

(3) 电子技术全方位纳入 EDA 领域,除了日益成熟的数字技术外,传统的电路系统设计建模理念发生了重大的变化,包括软件无线电技术的崛起,模拟电路系统硬件描述语言的表达和设计的标准化,系统可编程模拟器件的出现,数字信号处理和图像处理的全硬件实现方案的普遍接受,软硬件技术的进一步融合等。

(4) EDA 使得电子领域各学科的界限更加模糊,更加互为包容:模拟与数字、软件与硬件、系统与器件、ASIC 与 FPGA、行为与结构等。

(5) 更大规模的 FPGA 和 CPLD 器件不断推出。

(6) 基于 EDA 工具的 ASIC 设计标准单元已涵盖大规模电子系统及 IP 核模块。

(7) 软硬件 IP 核在电子行业的产业领域、技术领域和设计应用领域得到进一步确认。

(8) SOC 高效低成本设计技术的成熟。

总之,现代电子设计离不开 EDA 技术,EDA 在教学、科研、产品设计与制造等各方面都发挥着巨大的作用。目前,几乎所有的理工科,特别是电子信息类专业都开设了 EDA 课程,让学生了解 EDA 的基本概念和基本原理、掌握用 HDL 语言编写程序、掌握逻辑综合的理论和算法、使用 EDA 工具进行电子电路课程的实验验证并从事简单系统的设计,学习电路仿真工具(如 Multisim、PSPICE)和 PLD 开发工具(如 Altera/Xilinx 的器件结构及开发系统),为今后的工程实践打下基础。

1.2 工程实践能力的培养

对于电子信息类专业学生来说,工程实践能力与今后的职业发展息息相关,因此,要特别重视动手能力的培养,注意从以下几方面进行加强。

（1）注重专业基础知识、基本理论的掌握。

基础知识是做工程中最为底层的一环，也是最重要的一环。任何工程实践都离不开扎实的理论功底支持，技术经验丰富的工程师也不能忽视对基本理论知识的学习，这个学习过程应该伴随设计而不断扩展，这样才能为后续的动手实践做好铺垫。要跟踪最新的标准动态，掌握技术发展方向，提前做好技术的储备工作，减少开发的周期。

（2）借助案例，消化吸收，举一反三。

做工程往往不需要从头做起，而且往往产品研发的时效性也不会允许。工程师要站在巨人的肩膀上，行使"拿来主义"，主动获取可利用的资源，特别是可借鉴参考的成功案例，解剖成功的产品，学习先进的设计理念。当然，一定要把别人的东西转化为自己的内容，这就需要认真地学习消化，同时结合自身的立意背景，融入自己的设计意图，达到融会贯通的目的，同时举一反三，不断积累，不断提高。

（3）团队协作与实际动手实践是提高设计能力的捷径。

在一定程度上，可以说做项目的多少与工程实践能力、水平成正比，因此，应把握动手的机会，多实践，多总结，在实践中发现问题，提升设计能力。做设计，离不开团队的力量，现代电子系统设计，分工越来越细，手工作坊式的开发模式已经不能适应"面市时间"的挑战，所以，在团队中学习、在团队中发挥自己的力量，分享成果，是提高设计能力的捷径。

1.3　电子设计工程问题

1.3.1　EMC 与抗干扰

在电子系统设计中，为了少走弯路和节省时间，应充分考虑电磁兼容问题，满足抗干扰性的要求，避免在设计完成后再去进行抗干扰的补救。形成干扰的基本要素有三个。

（1）干扰源，指产生干扰的元件、设备或信号，用数学语言描述如下：电压变化量 du/dt、电流变化量 di/dt 大的地方就是干扰源。如：雷电、继电器、可控硅、电机、高频时钟等都可能成为干扰源。

（2）传播路径，指干扰从干扰源传播到敏感器件的通路或媒介。典型的干扰传播路径是通过导线的传导和空间的辐射。

（3）敏感器件，指容易被干扰的对象。如：A/D、D/A 变换器，单片机，数字 IC，弱信号放大器等。

抗干扰设计的基本原则是：抑制干扰源，切断干扰传播路径，提高敏感器件的抗干扰性能。

抑制干扰源就是尽可能地减小干扰源的 du/dt、di/dt。这是抗干扰设计中最优先考虑和最重要的原则，常常会起到事半功倍的效果。减小干扰源的 du/dt 主要是通过在干扰源两端并联电容来实现，减小干扰源的 di/dt 则是在干扰源回路串联电感或电阻以及增加续流二极管来实现。

按干扰的传播路径可分为传导干扰和辐射干扰两类。所谓传导干扰是指通过导线传播到敏感器件的干扰。高频干扰噪声和有用信号的频带不同，可以通过在导线上增加滤波器的方法切断高频干扰噪声的传播，有时也可加隔离光耦来解决。电源噪声的危害最大,要特别注意处理。所谓辐射干扰是指通过空间辐射传播到敏感器件的干扰。一般的解决方法是增加干扰源与敏感器件的距离,用地线把它们隔离和在敏感器件上加屏蔽罩。

提高敏感器件的抗干扰性能是指从敏感器件角度考虑尽量减少对干扰噪声的拾取,以及从不正常状态尽快恢复的方法。如:布线时尽量减少回路环的面积,以降低感应噪声;电源线和地线要尽量粗,除减小压降外,更重要的是降低耦合噪声;对于单片机闲置的 I/O 口,不要悬空,要接地或接电源,其他 IC 的闲置端在不改变系统逻辑的情况下接地或接电源;对单片机使用电源监控及看门狗电路;在速度能满足要求的前提下,尽量降低单片机的晶振和选用低速数字电路;IC 器件尽量直接焊在电路板上,少用 IC 座等。

1.3.2　可靠性设计

可靠性通常被定义为:产品在规定的条件下和规定的时间内,完成规定功能的能力。或者定义为:在规定的条件下规定时间内所允许的故障数。数学表达式为平均故障间隔时间(MTBF)。这就认为随机故障是不可避免的,也是可以接受的,导致由于设计原因引起的故障只要在允许数之内,往往不能追溯到最终根源。由于制造过程导致的故障,只要仍低于许可的故障数也就不被追究。为此,在国际上早在 1995 年对传统的可靠性定义提出了质疑,在欧洲开始用无维修使用期(MFOP)取代原先的 MTBF,故障率浴盆曲线分布规律也就被打破。因此,摒弃随机失效无法避免的旧观念,设计出不存在随机失效的产品并非没有可能。同时,从故障修理转换到计划预防维修,就需要产品研发设计人员必须清楚产品将会怎样发生故障,一般何时发生故障。

以自下而上的可靠性设计方法,取代采用 MTBF 进行自上而下分配方法。当产品系统构思完成之后,单元的设计师们应在设计前充分了解单元、模块的环境条件,可能发生故障的关键部位及故障模式、机理,并在设计时重点加以解决。通过自下而上对可能存在的可靠性问题进行彻底解决,不仅可以将系统可靠性建立在踏实的基础上,而且可以确保系统的可靠性指标留有充分的余地,避免因设计后期发现问题再进行更改。采取的设计措施如下:①采用状态监控,故障诊断和故障预测设计;②引入容错和冗余设计;③可重构性设计;④动态设计;⑤故障软化设计;⑥环境防护设计;⑦冗余设计;⑧在任务能力不受影响下,留出可接受的降级水平设计等。

在可靠性设计中,要特别考虑热设计,把它提高到科学的高度,而不仅仅凭经验去做。例如:在电子产品的设计中,如何合理布置发热元件,使其尽量远离对温度比较敏感的其他元器件;合理安排通风器件(风扇等),通过机箱内、外的空气流动,使得机箱内部的温度不致太高。热设计的目的,就是要根据相关的标准、规范或有关要求,通过对产品各组成部分的热分析,确定所需的热控措施,以调节所有机械部件、电子器件和其他一切与热有关的成分的温度,使其本身及其所处的工作环境的温度都不超过标准和规范所规定的温度范围。对于电子产品,最高和最低允许温度的计算应以元器件的耐热性能和应力分析为基础,并且与产品的可靠性要求以及分配给每一个元器件的失效率相一致。

1.3.3　可测性设计

可测性分析是指对一个初步设计好的电路或待测电路不进行故障模拟就能定量地估计出其测试难易程度的一类方法。在可测性分析中,经常遇到三个概念:可控性、可观

3

察性和可测性。

可控制性:通过电路的原始输入向电路中的某点赋规定值(0 或 1)的难易程度。

可观察性:通过电路的原始输入了解电路中某点指定值(0 或 1)的难易程度。

可测性:可控制性和可观察性的综合,它定义为检测电路中故障的难易程度。

可测性分析就是对可控制性、可观察性和可测性的定量分析。但在分析过程中,为了不失去其意义,必须满足下面两条基本要求:

(1) 精确性,即通过可测性分析之后,所得到的可控制性、可观察性和可测性的值能够真实地反映电路中故障检测的难易程度。

(2) 复杂性,即计算的复杂性,也就是对可控制性和可观察性的定量分析的计算复杂性要低于测试生成复杂性,否则就失去了存在的价值。

根据相关实验证实,测试生成和故障模拟所用的计算时间与电路中门数的平方至立方成正比,即测试的开销呈指数关系增长。但另一方面,由于微电子技术的发展,研制与生产成本的增长速度远远小于指数增长。因此,使得测试成本与研制成本的比例关系发生了极大的变化,有的测试成本甚至占产品总成本的 70% 以上,出现了测试与研制开销倒挂的局面。

综上所述,如果只考虑改良测试方法,将远远不能适应电路集成度高速增长的需要,积极的做法是从一开始就将故障测试问题考虑到电路设计中,即可测性设计方法。采用可测性设计可使测试生成处理开销大大下降,对于 LSI(大规模集成电路)和 VLSI(超大规模集成电路),可测性设计是必不可少的。

1.3.4　故障诊断与排除

随着电子系统的规模和复杂性日益俱增,系统的维护、修理和调试已变得相当困难,维护一个系统的费用甚至高于设计一个系统的费用。在系统的维护中,不能及时发现和修复故障,不仅会导致设备损坏,甚至会造成停工停产,部门瘫痪,从而带来极大的经济损失。因此,故障检测和诊断技术具有重要的意义,为提高系统的可靠性、可维修性和有效性开辟了新的途径。然而,传统的人工测试手段不仅对技术人员的素质有很高的要求,而且测试的速度慢,修复时间长,经济效益低,又不能实现在线诊断,随着电路的日趋复杂,根本无法胜任这一任务。计算机科学的迅猛发展和日益普及,为故障诊断提供了有效的工具,使得借助计算机的自动故障诊断技术应运而生,并显示出广阔的应用前景。

电子电路的故障多种多样,产生的原因也很多,总的来说包含如下几类:

(1) 电路元器件不良引起的故障。如电阻、电容、晶体管、集成电路等损坏或性能不良,参数不符合要求等。

(2) 电路安装不良引起的故障。如连线错误(包括错接、漏接、多接、断线、布线不当等),元器件安装错误(包括晶体管、集成电路引脚接错,电解电容极性接反等),接触不良(如焊接点虚焊、接插不牢、接地不良)等,印制电路板和面包板出现内部短路、开路等。

(3) 各种干扰引起的故障。如接地处理不当(包括地线阻抗过大,接地点不合理,仪器与电路没有"共地"等),直流电源滤波不佳(可能引起 50Hz 或 100Hz 干扰,甚至产生自激振荡),通过电路分布电容等的耦合产生的感应干扰等。

(4) 测试仪器引起的故障。如测试仪器本身存在故障(包括功能失效或变差,测试线断线或接触不良等),仪器选择或使用不当(如示波器使用不正确引起波形异常,仪器输入阻抗偏低,频带偏窄引起较大的测量误差等),测试方法不合理(如测试点选择不合理)等。

故障检查的一般方法如下:

(1) 直接观察法。直接观察法就是不使用仪器,利用人的感官来发现问题,寻找与排除故障。如通电前检查和通电后观察就是直接观察法。

(2) 用万用表、示波器检测直流状态。用万用表、示波器等检查电路的直流状态,主要是通过测量电路的直流工作点或各输出端的高、低电平及逻辑关系等来发现问题,查找故障。一般说来,通过上述检测,再加上分析、判断就可以发现电路设计和电路安装中出现的大部分故障。

(3) 信号寻迹法。根据电路的工作原理、各测试点的设计工作波形、性能指标要求,在输入端施加幅度与频率均符合要求的信号,用示波器由前级到后级,逐级检测各级(测试点)的输入、输出信号波形。如果哪一级出现异常,则故障就在该级。之后再集中精力分析,解决该级存在的问题。

上面所介绍的三种方法是故障检测有效的、常用的方法。在实践中也常根据不同情况选择其他方法,可能会取得更好的效果。

例如,当一个电路一接通直流电源,电源的输出电流过大,过流保护电路动作或发出报警,此时可依次断开各单元电路(或模块)的供电。如果某一单元(或模块)断开后,电源电流恢复正常,则可知故障就出在该单元(或模块)。这种方法常称为断路法。

再如,在仪器设备维修、批量电路调试等工作中,常用工作正常的插件板、部件、单元电路、元器件等代替相同的但怀疑有故障的相应部分,即可快速判断出故障部位。这种方法称为替代法。

总之,寻找故障的方法是多种多样的,要根据设备条件、故障情况灵活运用。能否快速、准确地检测到故障并加以排除,不但要有理论的指导,更要靠实践经验的不断积累。

第 2 章　基础知识与基本技能

本章概要讲述常见的基本单元电路、电子系统设计所要用到的开发工具、电子工艺技能基础和测试仪器,为后续章节的实例应用提供开发调试基础。

2.1　基本单元电路

1. 三极管放大器

图 2-1 所示电路图为最常用的电阻分压式共射极三极管放大器电路,用电位器作基极偏置电阻可以方便地对静态工作点进行调节。

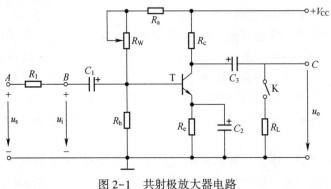

图 2-1　共射极放大器电路

2. 场效应管放大器

图 2-2 是一种常用的电阻分压式场效应管共源极放大电路,电位器可用来方便地调节静态工作点。

3. 运放的线性应用

1) 反相放大器

反相放大器(即反相比例运算电路)如图 2-3 所示。其闭环电压增益为

$$A_{uf} = - R_F / R_1$$

2) 同相放大器

同相放大器(即同相比例运算电路)如图 2-4 所示。其闭环电压增益为

$$A_{uf} = 1 + \frac{R_F}{R_1}$$

同相放大器的输入电阻 $R_i = r_{ic}$,输出电阻 $R_o \approx 0$,平衡电阻 $R_2 = R_1 // R_F$ 。其中,r_{ic} 为运放本身同相端对地的共模输入电阻,一般为 $10^8 \Omega$ 。同相放大器具有输入阻抗非常高、输出阻抗很低的特点,广泛用于前置放大级。

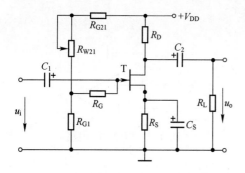

图 2-2　结型场效应管共源极放大器

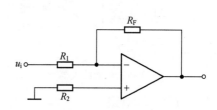

图 2-3　反相放大器

图 2-4 中,若 $R_F \approx 0, R_1 = \infty$(开路),则增益变为 1,变成电压跟随器。与晶体管射随器相比,集成运放的电压跟随器的输入阻抗更高,输出阻抗更小,可视作电压源,是较理想的阻抗变换器,常作为缓冲级使用。

3) 反相加法器

反相比例加法器电路如图 2-5 所示。

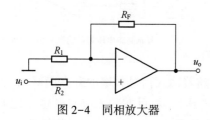

图 2-4　同相放大器

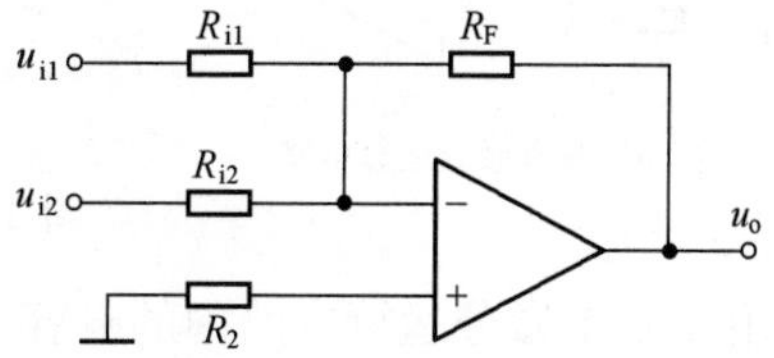

图 2-5　反相比例加法器

4) 差动放大器、减法运算电路

如图 2-6 所示,当运放的反相端和同相端分别输入信号 u_{i1} 和 u_{i2} 时,则输出电压为

$$u_o = - \frac{R_F}{R_{i2}} u_{i2} + \left(1 + \frac{R_F}{R_{i2}} \right) \frac{R_2}{R_{i1} + R_2} u_{i1}$$

当 $R_{i1} = R_{i2}, R_F = R_2$ 时电路变为差动放大器,其差模电压增益为

$$A_{ud} = \frac{u_o}{u_{i1} - u_{i2}} = \frac{R_F}{R_{i2}} = \frac{R_2}{R_{i1}}$$

差动放大器的输入电阻为 $R_{id} = R_{i1} + R_{i2} = 2R_{i1}$。而当 $R_{i1} = R_{i2} = R_F = R_2$ 时,电路成为减法器,输出电压为 $u_o = u_{i1} - u_{i2}$。

由于差动放大器具有双端输入单端输出、共模抑制比较高的特点,通常用作传感放大器或测量仪器的前端放大器。

5) 积分运算电路

积分运算电路的基本电路如图 2-7 所示,其输出电压为

$$u_o = u_o(t_0) - \frac{1}{RC} \int_{t_0}^{t} u_i(\tau) d\tau$$

式中,RC 为积分时间常数。为限制电路的低频电压增益,可将反馈电容 C 与一电阻 R_F 并联使用。

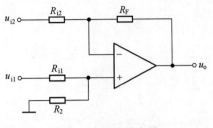

图 2-6　差动放大器

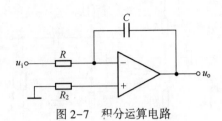

图 2-7　积分运算电路

6) 微分运算电路

微分运算电路的基本电路如图 2-8(a)所示,其输出电压为

$$u_o = -R_F C \frac{\mathrm{d}u_i}{\mathrm{d}t}$$

式中,$R_F C$ 为微分时间常数。

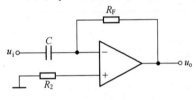

(a) 基本微分运算电路

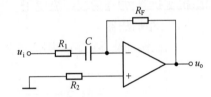

(b) 限制高频电压增益的微分运算电路

图 2-8　微分运算电路

由于基本微分运算电路中的电容 C 的容抗会随着输入信号频率的升高而减小,因此输出电压随频率升高而增加。为限制电路的高频电压增益,可在输入端与电容 C 之间接入一个小电阻 R_1,如图 2-8(b)所示。当输入频率低于 $f_0 = 1/2\pi R_1 C$ 时,电路起微分作用;若输入频率远高于 f_0,则电路近似一个反相放大器,高频电压增益为 $A_{uf} = -R_F/R_1$。

4. 典型有源滤波器

1) 二阶低通滤波器

图 2-9 所示电路是一个二阶低通滤波器,集成运放采用 μA741,设计截止频率 $f_H = 2\mathrm{kHz}$,通带增益 $A_{uf} = 2$。

2) 二阶高通滤波器

图 2-10 所示电路为一个二阶高通滤波器,集成运放采用 μA741,设计截止频率 $f_L = 100\mathrm{Hz}$,通带增益 $A_{uf} = 5$。

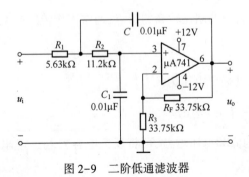

图 2-9　二阶低通滤波器

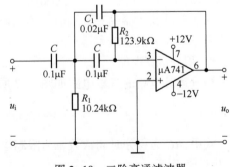

图 2-10　二阶高通滤波器

3) 二阶带通滤波器

图 2-11 所示电路是一个二阶带通滤波器,集成运放采用 μA741,设计中心频率 $f_0 = 1\text{kHz}$,通带增益 $A_{\text{uf}} = 2$,品质因数 $Q = 10$。

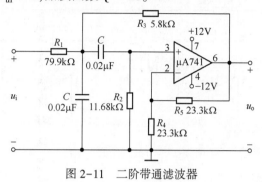

图 2-11　二阶带通滤波器

4) 二阶带阻滤波器

图 2-12 所示电路是一个二阶带阻滤波器,其阻带中心频率 $f_C = 50\text{Hz}$,可用来抑制 50Hz 工频干扰信号,设计通带增益 $A_{\text{uf}} > 1$,品质因数 $Q = 10$。

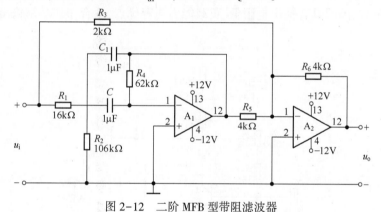

图 2-12　二阶 MFB 型带阻滤波器

5. 运放的非线性应用

1) 迟滞比较器

图 2-13 为迟滞比较器的两种基本形式,图(a)为反相端输入的迟滞比较器(即下行迟滞比较器),图(b)为同相端输入的迟滞比较器(即上行迟滞比较器),它们均由电阻 R_F 和 R_2 构成正反馈。

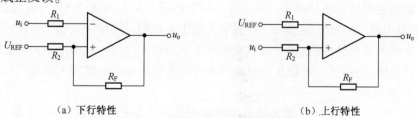

（a）下行特性　　　　　　　　　　　　　　　（b）上行特性

图 2-13　两种基本形式的迟滞比较器

2) 方波三角波发生器实例

图 2-14 所示电路为一个简化了的矩形波和锯齿波发生器实际电路。图中,若 K_1 断

开,此电路即为方波三角波发生器;若 K_1 闭合,则电容充放电路径不同,电路成为矩形波和锯齿波发生器。

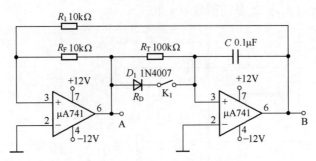

图 2-14　方波三角波发生器

6. 低频功率放大器

图 2-15 所示为 OTL 低频功率放大器。该电路即单电源供电的 B 类功放电路的具体实现。其中由晶体三极管 T_1 组成推动级(也称前置放大级),T_2 和 T_3 是一对参数对称的 NPN 和 PNP 型晶体三极管,它们组成互补推挽 OTL 功放电路。由于每一个管子都接成射极输出器形式,因此具有输出电阻低、负载能力强等优点,适合于作功率输出级。

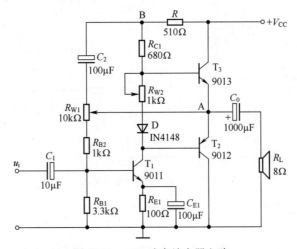

图 2-15　OTL 功率放大器电路

7. 直流稳压电源

直流稳压电源原理图如图 2-16 所示。整个原理电路包括 5 个部分:电源变压器部分、整流滤波电路、串联稳压电路、三端固定式稳压电路和三端可调式稳压电路。其中,变压器是独立的外接部件,需要将变压后的交流电压通过导线接入整流电路;整流滤波电路为串联稳压电路、三端固定式稳压电路和三端可调式稳压电路提供输入电压。

8. 调谐放大器

图 2-17 所示小信号调谐放大器是高频电子线路中的基本单元电路,主要用于某一频段微小高频信号的线性放大,属于窄带放大器。图中两个调谐放大器级联放大。

9. LC 正弦波振荡器

LC 正弦波振荡器电路如图 2-18 所示,设计中心频率 $f_0 = 5\text{MHz}$。

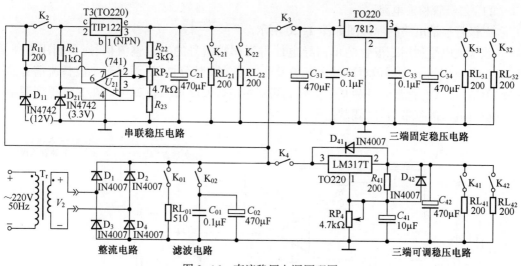

图 2-16　直流稳压电源原理图

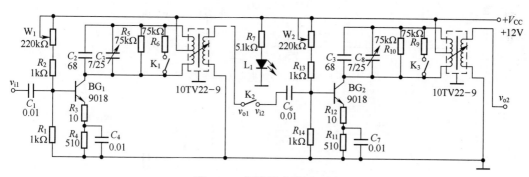

图 2-17　调谐放大器原理图

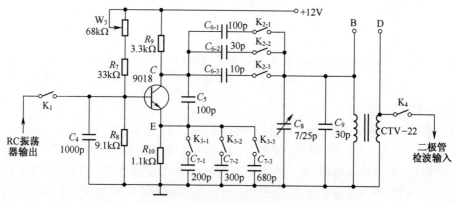

图 2-18　LC 正弦波振荡器电路

10. RC 桥式正弦波振荡器

　　RC 桥式正弦波振荡器电路原理图如图 2-19 所示,运放采用单电源供电。图中的选频网络由 R1、C1 和 R2、C2 组成;放大电路由 R3、W1 和 D1、D2、R5 组成的并联支路相串联与 R4 共同构成负反馈;R6 和 W2 作为输出信号幅度调整电路;图中 D1、D2 的作用是稳定输出电压幅度。

11. 二极管检波电路

二极管检波电路的原理图如图 2-20 所示。

该检波电路利用二极管的单向导电性得到调幅信号的半波整流信号,再利用 C11、R11、C12 组成的 π 型滤波电路滤出载波及其谐波等高频分量,从而得到半波整流信号的平均值信号(含有直流分量和基带信号),再通过电容 C13 隔直流就可以在 F 点得到调幅信号被解调后的基带信号(调制信号)。

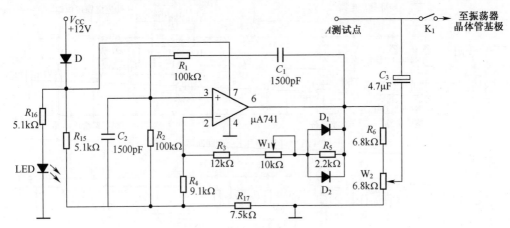

图 2-19 RC 桥式振荡实验电路

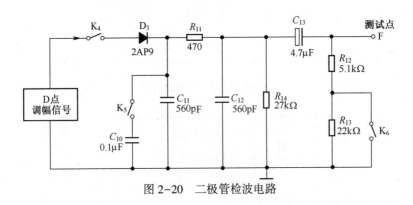

图 2-20 二极管检波电路

12. 混频器和鉴频器

应用乘法器作混频器和鉴频器电路原理图如图 2-21 所示。

包含本振、移相、乘法器、低通、带通等 5 个基本电路,以三极管 T2(9018)为核心构成电容三点式 LC 正弦波振荡器,产生频率约为 30MHz 的本振信号,以 CTV-22 变压器及其所并联电容构成一个调谐频率约为 5MHz 的谐振滤波器(带通滤波器),以三极管 T1(9018)为中心,与外围相应元件构成中心频率 $f_0 \approx 10MHz$ 的移相器(外围元件包括 R16、R17,C16~C19,L1)。C20、R15、C21 构成低通滤波器,以 MC1496P 为中心构成单电源供电的乘法器。

13. ADC 与 DAC 电路

1) ADC 电路

图 2-22 中,K6 接高电平时实现 A/D 转换功能。ADC0804 参考电压由+12V 电源电

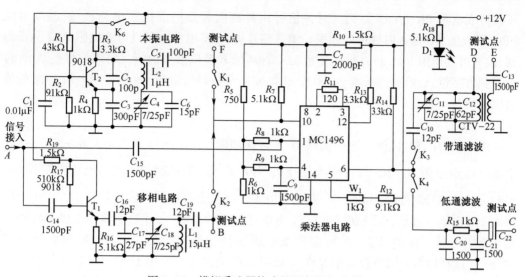

图 2-21　模拟乘法器构成的混频器与鉴频器

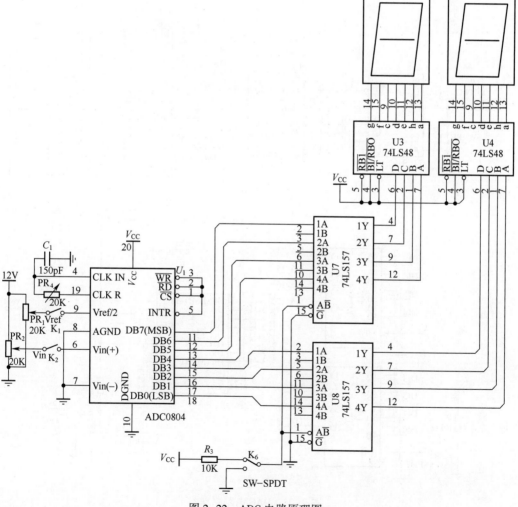

图 2-22　ADC 电路原理图

压经可变电阻 PR1_Vref 得到。时钟信号由外部阻容及内部振荡电路提供,改变电阻 PR4,可改变 AD 输入时钟信号频率。输入信号由+12V 电源电压经可变电阻 PR2 分压得到,改变可变电阻 PR2 的值即可改变 ADC0804 输入模拟信号的值。输入信号经 ADC 转换得到数字量,经数据选择器 74LS157 选择输出至数码管显示,改变可变电阻 PR2 的值可以看到数码管显示数字的变化。

2)DAC 电路

图 2-23 中,K6 接低电平时实现 D/A 转换功能。DAC0832 参考电压由+12V、-12V 电源电压经电阻 R4、R5 及可变电阻 PR3 分压得到。DAC0832 接成直通方式,即 $\overline{CS}$、$\overline{WR1}$、$\overline{WR2}$、XFER接地,ILE、VCC 接+5V 电源。两片十六进制计数器芯片 74LS191 级联组成 256 进制计数器,电阻 R2、开关 S1 提供计数器脉冲输入,计数器输出提供 DAC0832 输入数字信号。按动开关 S1 可改变 256 进制计数器输出数字量值,经数据选择器 74LS157 选择输出至数码管显示并作为 DAC0832 的输入。由于 DAC0832 输出信号为电流信号,需要用放大器将电流信号转换为电压信号输出,第一级运算放大器 LM353 将输

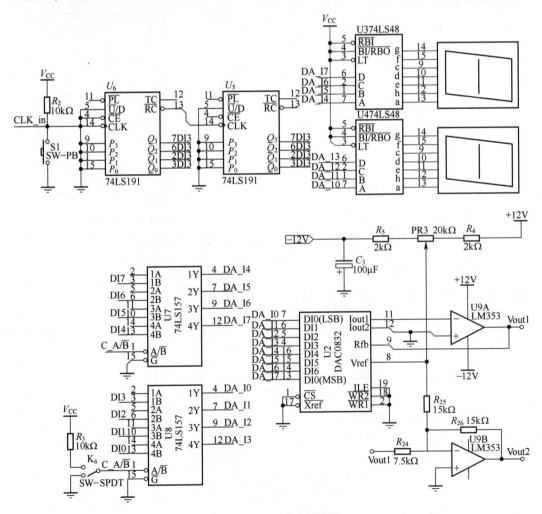

图 2-23 DAC 电路原理图

出电流信号转换成单极性电压信号 V_{out1} 输出,第二级运算放大器与第一级放大器结合构成双极性信号 V_{out2} 输出。

2.2　开 发 工 具

　　EDA 是"Electronic Design Automation"的缩写,在电子设计领域得到广泛应用。一台电子产品的设计过程,从概念的确立,到包括电路原理、PCB 版图、单片机程序、机内结构、FPGA 的构建及仿真、外观界面、热稳定分析、电磁兼容分析在内的物理级设计,再到PCB 钻孔图、自动贴片、焊膏漏印、元器件清单、总装配图等生产所需资料等全部在计算机上完成,可以说目前已经基本上不存在电子产品的手工设计。EDA 技术借助计算机存储量大、运行速度快的特点,可对设计方案进行人工难以完成的模拟评估、设计检验、设计优化和数据处理等工作。EDA 已经成为集成电路、印制电路板、电子整机系统设计的主要技术手段。电子通信类常用的仿真工具软件包括:System View——数字通信系统的仿真;Proteus——单片机及 ARM 仿真;LabVIEW——虚拟仪器原理及仿真;Multisim——虚拟实验室等。

　　1. 电路仿真工具

　　EWB(Electronic Workbench)是加拿大 Interactive Image Technologies 公司推出的仿真软件,可以将不同类型的电路组成混合电路进行仿真,界面直观,操作方便,创建电路、选用元器件和测试仪器均可以图形方式直观完成。该软件有较为详细的电路分析手段,如电路的瞬态分析和稳态分析、时域和频域分析、器件的线性和非线性分析、电路的噪声分析和失真分析,以及离散傅里叶分析、电路零极点分析、交直流灵敏度分析和电路容差分析等多种电路分析方法。

　　软件的版本升级情况为 EWB4.0→EWB5.0→EWB6.0→Multisim2001→Multisim7→Multisim8,后由美国国家仪器(NI)公司收购 Interactive Image Technologies 公司,此后版本为 Multisim9→Multisim10→Multisim11→Multisim12→Multisim13→Multisim14。

　　EWB 是 Windows 下的仿真工具,适用于板级的模拟/数字电路板的设计与仿真工作。包含电路原理图的图形输入、电路硬件描述语言输入方式,具有丰富的仿真分析能力,符合 NI 公司提出的"把实验室装进 PC 机中""软件就是仪器"的理念。EWB 提炼了 SPICE仿真的复杂内容,所以无需懂得深入的 SPICE 技术就可以很快地进行捕获、仿真和分析设计,可以使用 EWB 交互式地搭建电路原理图,并对电路进行仿真,完成从理论到原理图捕获与仿真,再到原型设计和测试这样一个完整的综合设计流程。

　　Multisim 是 EWB 的升级版本,是行业标准 SPICE 仿真和电路设计软件,适用于模拟、数字和电力电子领域的教学和研究。Multisim 是集成了电路图搭建和仿真功能的标准电路设计环境,以经济高效的方式获得直观的 SPICE 仿真和高级分析功能,包括示波器和逻辑分析仪等 15 种虚拟仪器,用于可视化仿真结果。使用蒙特卡洛方法等 15 种高级分析函数深入分析电路行为,具有超过 12000 个组件和仿真模型,包括基本、高级模拟和数字组件。

　　2. 单片机仿真工具

　　Proteus 是英国 Lab Center 公司开发的 Windows 操作系统上的电路分析与实物仿真软

件,可以仿真、分析(SPICE)各种模拟器件和集成电路,该软件的特点是:①实现了单片机仿真和 SPICE 电路仿真相结合。具有模拟电路仿真、数字电路仿真、单片机及其外围电路组成系统仿真、RS232 动态仿真、I^2C 调试器、SPI 调试器、键盘和 LCD 系统仿真等功能;有各种虚拟仪器,如示波器、逻辑分析仪、信号发生器等。②支持主流单片机系统的仿真。目前支持的 CPU 类型有 ARM7、8051/52、AVR、PIC10/12/16/18/24/30、dsPIC33、HC11、8086、MSP430、Cortex 和 DSP 系列处理器,并持续增加其他系列处理器模型以及各种外围芯片。③提供软件调试功能。在硬件仿真系统中具有全速、单步、设置断点等调试功能,同时可以观察各个变量、寄存器等的当前状态,在该软件仿真系统中也具有这些功能;同时支持第三方的软件编译和调试环境,如 IAR、Keil、MATLAB 等软件。④具有强大的原理图绘制功能。总之,该软件是一款集单片机和 SPICE 分析的仿真软件,功能强大。

Proteus 包含的功能模块如下:

1) 智能原理图设计(ISIS)

具有超过 27000 种元器件的丰富器件库,并可方便地创建新元件;通过模糊搜索可以快速定位所需要的器件;自动连线功能使连接导线简单快捷,缩短绘图时间;支持总线结构,使电路设计简明清晰;可输出高质量图纸,供 Word、Powerpoint 等文档使用。

2) 电路仿真功能(Prospice)

基于工业标准 SPICE3F5,实现数字/模拟电路的混合仿真;超过 27000 个仿真器件,可以通过内部原型或使用厂家的 SPICE 文件自行设计仿真器件,可导入第三方发布的仿真器件;包括直流、正弦、脉冲、分段线性脉冲、音频(使用 wav 文件)指数信号、单频 FM、数字时钟和码流等多样的激励源;示波器、逻辑分析仪、信号发生器、直流电压/电流表、交流电压/电流表、数字图案发生器、频率计/计数器、逻辑探头、虚拟终端、SPI 调试器、I^2C 调试器等丰富的虚拟仪器;用色点显示引脚的数字电平,导线以不同颜色表示其对地电压大小,结合动态器件(如电机、显示器件、按钮)的使用可以使仿真更加直观、生动;高级图形仿真功能(ASF):基于图标的分析可以精确分析电路的多项指标,包括工作点、瞬态特性、频率特性、传输特性、噪声、失真、频谱分析等,还可以进行一致性分析。

3) 单片机协同仿真功能(VSM)

支持主流的 CPU 类型有 ARM7、8051/52、AVR、PIC10/12/16/18/24/30、dsPIC33、HC11、8086、MSP430、Cortex 和 DSP 系列处理器,随着版本升级还在继续增加。

支持通用外设模型:如字符 LCD 模块、图形 LCD 模块、LED 点阵、LED 七段显示模块、键盘/按键、直流/步进/伺服电机、RS232 虚拟终端、电子温度计等。

实时仿真:支持 UART/USART/EUSARTs 仿真、中断仿真、SPI/I^2C 仿真、MSSP 仿真、PSP 仿真、RTC 仿真、ADC 仿真、CCP/ECCP 仿真。

编译及调试:支持单片机汇编语言的编辑/编译/源码级仿真,内带 8051、AVR、PIC 的汇编编译器,也可以与第三方集成编译环境(如 IAR、Keil)结合,进行高级语言的源码级仿真和调试。

4) PCB 设计平台

原理图到 PCB 的快速通道:原理图设计完成后,一键便可进入 ARES 的 PCB 设计环境,实现从概念到产品的完整设计。

自动布局/布线功能:支持器件的自动/人工布局;支持无网格自动布线或人工布线;

支持引脚交换/门交换功能使 PCB 设计更为合理。

完整的 PCB 设计功能：可设计复杂多层 PCB，具有灵活的布线策略供用户设置，自动设计规则检查，3D 可视化预览。

多种输出格式的支持：可以输出多种格式文件，包括 Gerber 文件的导入或导出，便于与其他 PCB 设计工具的互转（如 Protel）和 PCB 板的设计和加工。

在 Proteus 绘制好原理图后，调入已编译好的目标代码文件：∗.HEX，可以在 Proteus 的原理图中看到模拟的实物运行状态和过程。Proteus 中的元器件、连接线路等和传统的单片机实验硬件高度对应，在相当程度上替代了传统的单片机开发调试的功能，例如：元器件选择、电路连接、电路检测、电路修改、软件调试、运行结果等，可在相当程度上得到实物演示实验的效果。

3. FPGA 开发工具

一套完整的 FPGA 设计流程包括电路设计输入、功能仿真、设计综合、综合后仿真、设计实现、添加约束、布线后仿真、下载、调试等主要步骤。FPGA 器件生产商 Xilinx、Altera（2015 年被 Intel 收购）、Lattice 等都有自己系统的开发工具，如 Altera 的 Quartus Ⅱ、Xilinx 的 ISE 与 Vivado 等，另外常用的第三方工具有仿真工具 Modelsim、综合工具 Synplify 等。

ISE 是 Xilinx（赛灵思）公司的 FPGA 设计软件，从 ISE 9 以后的版本的安装文件都是集成到一个包中，安装使用方便，软件包里面包含 4 个大的工具：ISE Design Tools、嵌入式设计工具 EDK、PlanAhead、Xtreme DSP 设计工具 System Generator。ISE 设计工具中包含 ISE Project Navigator、ChipScope Pro 等工具，是进行 FPGA 逻辑设计时最常用的部分，具体的使用方法可以参考相关书籍和 Xilinx 官网，并利用 FPGA 开发板，通过实例熟悉掌握基于 ISE 的 FPGA 设计基本流程。

Vivado 是 Xilinx 公司 2012 年发布的全新集成设计环境，主要针对可编程系统集成所面临的挑战而推出。因为当前的设计不只是可编程逻辑设计，在系统集成中还面临如下问题与挑战：集成瓶颈，集成 C 语言算法和 RTL 级 IP，混合 DSP、嵌入式、连接功能和逻辑领域，模块和"系统"验证，设计和 IP 重用；实现瓶颈，层次化芯片布局规划与分区，多领域和多晶片物理优化，多变量"设计"和"时序"收敛的冲突等。采用新一代"All-Programmable"器件来实现可编程逻辑或者可编程系统集成时，Vivado 工具有助于解决集成和实现方面存在的许多生产力瓶颈问题。

Quartus Ⅱ 是 Altera 公司自行设计的第四代 PLD 开发软件，可以完成 PLD 的设计输入、逻辑综合、布局与布线、仿真、时序分析、器件编程的全过程，同时还支持 SOPC（可编程片上系统）设计开发，是继 MAX+plus Ⅱ 后的新一代开发工具，适合大规模 FPGA 的开发，支持 Stratix、Cyclone、Arria 系列 FPGA 及 MAX 系列 CPLD 器件，包括 DSP Builder、Qsys 开发工具，支持系统级的开发，支持 NIOS Ⅱ 处理器核、IP 核和用户定义逻辑等。

FPGA 的基本设计流程如下：

1）设计输入（Design Entry）

设计输入是将设计者所设计的电路用开发软件要求的某种形式表达出来，并输入到相应软件中的过程。设计输入有多种表达方式，最常用的是原理图方式和 HDL 文本方式。

（1）原理图输入。原理图（Schematic）是图形化的表达方式，使用元件符号和连线来描述设计。其特点是适合描述连接关系和接口关系,而描述逻辑功能则比较烦琐。原理图输入比较直观,但要求设计工具提供必要的元件库或逻辑宏单元,可重用性、可移植性较差。

(2) HDL 文本输入。硬件描述语言(HDL)是一种用文本形式描述和设计电路的语言。可利用 HDL 语言描述自己的设计,然后利用 EDA 工具进行综合和仿真,最后变为某种目标文件,再用 ASIC 或 FPGA 具体实现。这种设计方法已被普遍采用。

2) 综合(Synthesis)

综合是将较高层次的设计描述自动转化为较低层次描述的过程。综合有下面几种形式:

(1) 算法表示,行为描述转换到寄存器传输级(RTL),即从行为描述到结构描述,称为行为结构。

(2) RTL 级描述转换到逻辑门(可包括触发器),称为逻辑综合。

(3) 逻辑门表示转换到版图表示,或转换到 PLD 器件的配置网表表示,称为版图综合或结构综合。根据版图信息能够进行 ASIC 生产,有了配置网表可完成给定 PLD 器件的系统实现。

3) 布局布线

布局布线使用由"Analysis & Synthesis"建立的数据库,将工程的逻辑和时序要求与器件的可用资源相匹配。它会把每个逻辑单元位置,进行布线和时序分析,并选定相应的互连路径和引脚分配。

4) 仿真(Simulation)

仿真是对所有电路的功能的验证。用户可以在设计过程中对整个系统和各个模块进行仿真,即在计算机上用软件验证功能是否正确,各部分的时序配合是否准确,如果有问题可以随时进行修改,从而避免逻辑错误,高级的仿真软件还可以对整个系统设计的性能进行估计,规模越大的设计,越需要进行大量的仿真。

仿真包含功能仿真和时序仿真。不考虑信号时延等因素的仿真,称为功能仿真,又叫前仿真。时序仿真又叫后仿真,它是在选择了具体器件并完成了布局布线后进行的包括延时的仿真。由于不同器件的内部时延不一样,不同的布局、布线方案也给时延造成了很大的影响,因此在设计实现后,对网络和逻辑块进行时延仿真,分析定时关系,估计设计性能是非常有必要的。

5) 编程和配置(Programming and Configuration)

在布局布线之后,进行器件的编程和配置。配置是对 FPGA 编程的一个过程,FPGA每次上电后都需要重新配置,这是基于 SRAM 工艺 FPGA 的特点。FPGA 中的配置 SRAM(Configuration SRAM)存放配置数据的内容,用来控制可编程多路径、逻辑、互连节点和RAM 初始化内容等。

6) 调试

ChipScope 和 Signal Tap II Logic Analyzer 分别是 Xilinx 和 Altera 的调试工具,可以捕获和显示实时信号行为,观察系统设计中硬件和软件之间的相互作用。ISE 和 Quartus II软件可以选择要捕获的信号、开始捕获信号的时间以及要捕获多少数据样本,还可以选择将数据从器件的存储块通过 JTAG 端口传送至 ChipScope / SignalTap II Logic Analyzer,或

I/O 引脚以供外部逻辑分析或示波器显示。

4. PCB 设计工具

常用的 PCB 设计工具包括 Protel、Altium Designer、Cadence、PADS 等。

Protel 是 Altium 公司在 20 世纪 80 年代末推出的 EDA 软件。早期的 Protel 主要作为印制板自动布线工具使用,当前的 Protel 已发展成为庞大的 EDA 软件,包含电路原理图绘制、模拟电路与数字电路混合信号仿真、多层印制电路板设计(包含印制电路板自动布线)、可编程逻辑器件设计、图表生成、电子表格生成、支持宏操作等功能,并具有 Client/Server(客户/服务器)体系结构,同时还兼容一些其他设计软件的文件格式,如 OrCAD、PSPICE、Excel 等,其多层印制线路板的自动布线可实现高密度 PCB 的 100% 布通率。常用的 Protel 99 SE 共分 5 个模块,包括原理图设计、PCB 设计(包含信号完整性分析)、自动布线器、原理图混合信号仿真、PLD 设计等。

Altium Designer 是 Altium 公司推出的一体化的电子产品开发系统,通过原理图设计、电路仿真、PCB 绘制编辑、拓扑逻辑自动布线、信号完整性分析和设计输出等技术的完美融合,为设计者提供了全新的设计解决方案,提高电路设计的质量和效率。Altium Designer 除了全面继承包括 Protel 99 SE、Protel DXP 在内的先前一系列版本的功能和优点外,还增加了许多改进和高端功能。该平台拓宽了板级设计的传统界面,全面集成了 FPGA 设计功能和 SOPC 设计实现功能,从而允许工程设计人员能将系统设计中的 FPGA 设计、PCB 设计和嵌入式设计集成在一起。

2.3　电子工艺技能

电子工艺技能包括元器件识别、印制电路板设计制作、焊接装配等方面的知识、技能。本节主要介绍 PCB 打样时采用热转印+三氯化铁腐蚀方法自制简单印制板的流程,其余知识请参考相关书籍。热转印+三氯化铁腐蚀方法自制简单印制板的过程如下:

1. PCB 图的热转印纸打印

首先,用 Protel 制作 4 个打印文件,分别是底层制版、顶层制版、底层阻焊和顶层阻焊。对于单面板,只需打印底层制版、底层阻焊(上阻焊剂时用)两个文件。

(1) 在做完 PCB 图以后,单击"打印"按钮就进入打印预览界面,如图 2-24 所示。

(2) 在左边栏的 Multilayer Composite Print 上单击右键,然后选择 Properties 弹出打印属性对话框进行属性设置,如图 2-25 所示。

(3) Color Set 选择 Black & White(黑白打印),做顶层打印文件时 Mirror Layers(镜像) 要勾上,以把图纸左右翻 180°。在打印属性对话框的 Layers 里加入三个层: KeepoutLayer(禁止布线层)、MultiLayer(机械层)、BottomLayer(底层)。

(4) 将热转印纸放在激光打印机上进行打印。打印成功后如图 2-26 所示。

2. 转印、腐蚀

(1) 用细砂纸打磨干净敷铜板,敷铜板下料时每边要留出 3~5mm 的余量以方便揭膜,取少量的三氯化铁液,把打磨好的板子放进去,用毛刷在铜箔上轻轻刷几遍,取出用水冲干净,晾干。

(2) 将转印纸晒干,然后用热转印机开始转印。

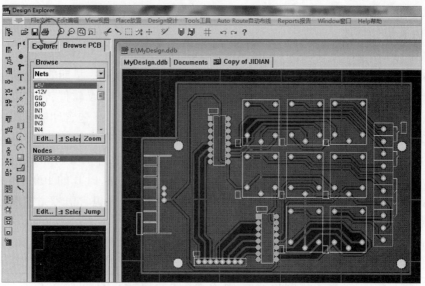

图 2-24 Protel 制作 PCB 图

图 2-25 Printout Properties 界面

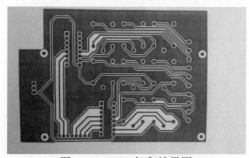

图 2-26 PCB 打印效果图

（3）转印成功后，检查断线，有断线部分用补线笔修一下。然后进行裁剪，完成之后如图 2-27 所示。

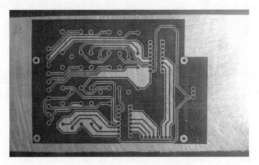

图 2-27　PCB 转印效果图

（4）腐蚀打孔。腐蚀期间要不断翻看以免电路板出现过腐蚀现象。腐蚀完成后用细砂纸打磨腐蚀好的电路板，将其上面的碳粉打磨掉，然后进行打孔。电路板制作完毕如图 2-28所示。

图 2-28　腐蚀打孔后的铜板

2.4　测 试 仪 器

1. 信号发生器

信号发生器可以产生不同频率的正弦信号、调幅信号、调频信号，以及各种频率的方波、三角波、锯齿波、正负脉冲信号等，其输出信号的幅值也可按需要进行调节。信号发生器是输出供给量的仪器，它产生频率、幅度、波形等主要参数可调节的信号，主要有以下几个作用：

（1）测元件参数。如电感、电容及 Q 值、损耗角等。

（2）测网络的幅频特性、相频特性、周期等。

（3）测试接收机的性能。如测接收机的灵敏度、选择性、AGC 范围等指标。

（4）测量网络的瞬态响应。如用方波或窄脉冲激励，测量网络的阶跃响应、冲击响应、时间常数等。

（5）校准仪表。输出频率、幅度准确的信号，校准仪表的衰减器、增益及刻度。

信号发生器可分为专用信号发生器和通用信号发生器。专用信号发生器是专门为某种特殊的测量而研制的。如电视信号发生器、编码脉冲信号发生器等,这类信号发生器的特性与测量对象紧密相关。通用信号发生器按输出波形可分为正弦信号发生器、脉冲信号发生器、函数发生器、噪声发生器等。正弦信号发生器最具普遍性和广泛性。正弦信号发生器按输出信号频率高低可分为超低频信号发生器(0.0001Hz~1kHz)、低频信号发生器(1Hz~20kHz 或 1MHz 范围内)、视频信号发生器(20Hz~10MHz)、高频信号发生器(200kHz~30MHz)、甚高频信号发生器(30~300MHz)、超高频信号发生器(300MHz 以上)等,正弦信号发生器的组成一般包括振荡器、变换器、指示器、电源及输出电路等部分,主要性能指标可归纳为频率特性、输出特性和调制特性等三大指标。

1)频率特性

频率特性包括可调的频率范围、频率的准确度、稳定度等技术指标。

(1)正弦信号发生器的频率范围是指各项指标都能得到保证时的输出频率范围。

(2)频率的准确度是指信号发生器度盘(或显示)数值与实际输出信号频率间的偏差,一般用相对误差来表示。

(3)频率稳定度是指其他外界条件恒定不变的情况下,在规定时间内,信号发生器输出频率相对于预调值变化的大小。

频率的稳定度又分为频率短期稳定度和长期稳定度。频率短期稳定度定义为信号发生器经过规定时间预热后输出信号的频率,在任意 15min 内所产生的最大变化。频率长期稳定度定义为信号发生器经过规定的预热时间后,输出信号的频率在任意 15h 内所发生的最大变化。

2)输出特性

正弦信号源的输出特性一般包括输出电平范围、输出电平的频率响应、输出电平的准确度、输出阻抗以及输出信号的频谱纯度等指标。

(1)输出电平范围。指输出信号幅度的有效范围,也就是信号发生器的最大和最小输出电平的可调范围。输出幅度可用电压(mV、V)和分贝(dB)两种方式表示。

(2)输出电平的频率响应。是指在有效频率范围内调节频率时,输出电平的变化情况,也就是输出电平的平坦度。

(3)输出电平准确度。输出电平准确度一般由电压表刻度误差、输出衰减器换挡误差、0dB 准确度和输出电平平坦度等几项指标综合组成。

(4)输出阻抗。信号发生器的输出阻抗视其类型不同而异。低频信号发生器电压输出端的输出阻抗一般为 600Ω(或 1kΩ);功率输出端根据输出匹配变压器的设计而定,通常有 50Ω、75Ω、150Ω、600Ω 和 5kΩ 等;高频信号发生器一般有 50Ω 和 75Ω 两种不平衡输出。

(5)输出信号的频谱纯度。输出信号的频谱纯度反映输出信号波形接近理想正弦波的程度。常用非线性失真系数表示。

3)调制特性

调制特性描述高频信号发生器输出正弦波的同时,输出调频、调幅、调相或脉冲调制信号的能力。

2. 示波器

时域测试中,示波器是用量最多、用途最广的电子测量仪器之一,在人们的感官和看不见的电子世界之间架起了一道桥梁，成为观察和测量电子波形不可缺少的工具。除了直接测量电信号外，通过传感器的转换，示波器也能测量非电量信号。示波器分为模拟示波器和数字示波器，根据时域测量的基本要求，无论是数字示波器还是模拟示波器，都必须不失真地显示被测波形，这是它们的相同点。不同的地方主要有两个方面：

（1）显示技术方面，模拟示波器采用静电偏转示波管，数字示波器采用磁偏转显像管或者液晶显示。

（2）信号处理技术方面，模拟示波器不进行任何处理，而数字示波器则把模拟信号转换成数字信号，根据需要采用硬件的或者软件的手段，对采集到的波形数据进行存储、运算、分析变换等技术处理。

由于数字示波器采用的显示技术和信号处理技术与计算机技术紧紧地联系在一起，因此，数字示波器的许多先进功能，如单次捕捉、存储和可变余辉、波形运算、FFT 分析等，都是模拟示波器所不能比拟的。

模拟示波器的主要优点是它的实时性，波形的变化马上就能反映到屏幕上，扫描间隔时间非常短（电子束的回扫时间），不会漏掉任何偶发的波形变化和事件，但由于示波管荧光粉的余辉时间很短，无法记录下这些偶然发生的事件，很难在快速扫描和慢速观察（人眼）之间取得统一，而数字示波器则能够很好地解决这些问题。

示波器的主要技术指标如下：

（1）带宽。示波器的带宽表征了它的垂直系统的频率特性，通常是指被测正弦波形幅度降低 3dB 时的频率点，一般是指上限带宽，如果使用交流耦合方式，还存在下限带宽。

（2）上升时间。示波器的上升时间指标表明了它的垂直系统对快速跳变信号反应的快慢程度，通常用测量阶跃信号时，从幅度 10% 到 90% 的跳变时间来表示。

在给出示波器的上升时间指标时，有时还一起给出上冲量的大小，如果没有给出上冲指标，应该视为上冲小于 5%。

（3）垂直偏转因数——垂直灵敏度。垂直灵敏度指标表明示波器测量最大和最小信号的能力，用显示屏幕垂直方向（Y 轴）上每个格所代表的波形电压幅度来表达，通常以 mV/div 和 V/div 表示。根据模拟示波器的传统习惯，数字示波器的垂直灵敏度也是主要以 1、2、5 步进的方式进行调节。

（4）垂直偏转因数误差。垂直偏转因数误差表达了示波器测量信号幅度时的准确程度。

（5）水平偏转因数（也称扫描时间因数或扫速）。示波器的扫描时间因数表示显示屏幕水平方向（X 轴）每个格所代表的时间值，以 s/div、ms/div、ns/div、ps/div 表示。同样，沿用模拟示波器的传统习惯，数字示波器的扫描时间也是主要以 1、2、5 步进的方式进行调节。

（6）水平偏转因数误差。水平偏转因数误差表明示波器测量波形时间量（如周期、频率、脉冲宽度）的准确程度。

（7）触发灵敏度。触发灵敏度是指示波器能够触发同步并稳定显示波形的最小信号幅度，通常与信号的频率有关，信号的频率越高，为了触发同步并稳定显示波形所需要的信号幅度越大，即触发灵敏度越低，这个指标常常按频率分段给出。

(8) 触发晃动。触发晃动是示波器触发同步稳定程度的一种表达,如果触发晃动大,在最快速扫描时间挡上,波形跳变沿会显得粗而模糊,并使时间测量误差增大。触发晃动通常用波形沿水平方向抖动的时间(峰峰值或有效值)表示。

数字示波器的特有指标如下:

(1) 实时带宽、重复带宽(等效带宽)和单次带宽。数字示波器的取样方式有两种:实时取样和等效取样。等效取样又可分为随机取样和顺序取样两种方式。

当数字示波器的取样速率大于它实际带宽的 4~5 倍,并且数宁化之后的样品点之间不加内插数据时,即可认为该取样是实时的,其实时带宽是取样速率的 1/5~1/4。

如果数字示波器采用随机取样方式,尽管它的取样速率很低,只要被测信号是重复的,经过多次采集积累和信号重组,就能够准确地恢复出原来的信号,并得到比取样速率高得多的带宽,称为重复带宽,有时也称等效带宽。

顺序取样也是等效取样的一种,与随机取样的差别仅仅在于取样点与触发点之间的时间 Δt 是如何得到的。采用随机取样方式,Δt 是测量出来的,而顺序取样的 Δt 是由软件或硬件预先设置的。顺序取样的取样频率常常设计得很低,达几百千赫兹,而等效带宽能够实现几十吉赫兹。

数字示波器处于实时取样方式时,它的单次带宽就等于实时带宽。如果是随机取样或顺序取样方式,其单次带宽应该根据取样速率大于信号带宽 4~5 倍的关系进行计算。

(2) 最高取样率。数字示波器进行数字化(把模拟信号转换成数字信号)时,能够达到的最大转换速率。

(3) 存储深度(记录长度)。存储深度亦称记录长度,表明被测信号经过数字化之后,一次性存在采集存储器中的样品点数目。

3. 频谱分析仪

常用频域测试仪器有如下几类:

(1) 频率特性测试仪。简称扫频仪,是一种根据扫频测量法原理组成的分析电路频率特性的电子测量仪器,它的横坐标为频率轴,纵坐标为电平值,显示的图形上叠加有频率标志。

(2) 频谱分析仪。

(3) 调制域分析仪。调制域分析仪测量信号的频率、相位和信号出现的时间间隔随时间的变化规律。

(4) 选频电压表。选频电压表采用调谐滤波的方法,选出并测量信号中某些频率分量。

(5) 相位噪声分析仪。

(6) 信号分析仪。是新发展起来的一类分析仪,它采用 FFT 和数字滤波等数字信号处理技术,对信号进行包括频谱分析在内的多种分析。

在频域测试仪器中,频谱分析仪应用最为广泛。频谱分析仪是一台在一定频率范围内扫描接收的接收机。频谱分析仪采用频率扫描超外差的工作方式。混频器将天线上接收到的信号与本振产生的信号混频,当混频的频率等于中频时,这个信号可以通过中频放大器,被放大后,进行峰值检波。检波后的信号被视频放大器进行放大,然后显示出来。由于本振电路的振荡频率随着时间变化,因此频谱分析仪在不同的时间接收的频率是不同的。当本振振荡器的频率随着时间进行扫描时,屏幕上就显示出被测信号在不同频率上的幅度,将不同频率上信号的幅度记录下来,就得到被测信号的频谱。进行干扰分析时,根据这个频谱,就能够知道被测设备或空中电波是否有超过标准规定的干扰信号以及干扰信号的发射特征。要熟练地操作频谱分析仪,关键是掌握各个参数的物理意义和设置要求。频谱分析仪的主要技术指标如下:

(1) 频率范围。达到频谱分析仪规定性能的工作频率区间。通过调整扫描频率范围,可以对所要研究的频率成分进行细致的观察。扫描频率范围越宽,则扫描一遍所需要时间越长,频谱上各点的测量精度越低,因此,在可能的情况下,尽量使用较小的频率范围。

(2) 扫频宽度。频谱分析仪在一次分析过程中所显示的频率范围,也称为分析宽度。扫频宽度与分析时间之比就是扫频速度。

(3) 扫描时间。扫描一次整个频率量程并完成测量所需要的时间,也称分析时间。仪器接收的信号从扫描频率范围的最低端扫描到最高端所使用的时间叫做扫描时间。扫描时间与扫描频率范围是相匹配的。如果扫描时间过短,测量到的信号幅度比实际的信号幅度要小。对常发干扰应设置较长的扫描时间,以便精确测量干扰幅度,对随机干扰则扫描时间可以设得较短,以便迅速捕捉干扰。

(4) 测量范围。指在任何环境下可以测量的最大信号与最小信号的比值,一般在145 ~165dB 之间。

(5) 灵敏度。指频谱分析仪测量微弱信号的能力,定义为显示幅度为满刻度时,输入信号的最小电平值。

(6) 分辨率。分辨率是指频谱分析仪能把靠得很近的、相邻的两个频率分量分辨出来的能力。频谱分析仪的中频带宽决定了仪器的选择性和扫描时间。调整分辨带宽可以达到两个目的。一个目的是提高仪器的选择性,以便对频率相距很近的两个信号进行区别,若有两个频率成分同时落在中放通频带内,则频谱仪不能区分两个频率成分,所以,中放通频带越窄,则频谱仪的选择性越好。另一个目的是提高仪器的灵敏度。因为任何电路都有热噪声,这些噪声会将微弱信号淹没,而使仪器无法观察微弱信号。噪声的幅度与仪器的通频带宽成正比,带宽越宽,则噪声越大。因此,减小仪器的分辨带宽可以减小仪器本身的噪声,从而增强对微弱信号的检测能力。根据实际经验,在测量信号功率时,一般来说,分辨率带宽 RBW 宜为扫描宽度的 1%~3%,即可保证测量精度。

分辨率带宽一般以 3dB 带宽表示。当分辨率带宽变化时,屏幕上显示的信号幅度可能会发生变化。这是因为当带宽增加时,若测量信号的带宽大于通频带带宽,由于通过中频放大器的信号总能量增加,显示幅度会有所增加。若测量信号的带宽小于通频带带宽,如对于单根谱线的信号,则不管分辨率带宽怎样变化,显示信号的幅度都不会发生变化。信号带宽超过中频带宽的信号称为宽带信号,信号带宽小于中频带宽的信号称为窄带信号。根据信号是宽带信号还是窄带信号能够有效地确定干扰源。

(7) 动态范围。频谱分析仪能以给定精度测量、分析输入端同时出现的两个信号的最大功率比(用 dB 表示)。

(8) 视频带宽。视频带宽 VBW 是中频检波器后的低通滤波器(称为视频滤波器)的带宽。视频滤波器可以对噪声起平滑作用,便于在噪声中测试微弱信号,所以我们只在测试微弱信号时，调整视频带宽的大小，以便观察与噪声电平很接近的信号。调整视频带宽不影响频谱仪的分辨率。

4. 逻辑分析仪

逻辑分析仪是利用时钟从测试设备上采集和显示数字信号的仪器，最主要作用在于时序判定。由于逻辑分析仪不像示波器那样有许多电压等级，通常只显示两个电压（逻辑 1 和 0），因此设定了参考电压后，逻辑分析仪将被测信号通过比较器进行判定，高于参考电压者为 High，低于参考电压者为 Low，在 High 与 Low 之间形成数字波形。例如：一个待测信号使用 200MHz 采样率的逻辑分析仪，当参考电压设定为 1.5V 时，在测量时逻辑分析仪就会平均每 5ns 采取一个点，超过 1.5V 者为 High（逻辑 1），低于 1.5V 者为 Low（逻辑 0），而后的逻辑 1 和 0 可连接成一个简单波形，工程师便可在此连续波形中找出异常错误（Bug）之处。整体而言，逻辑分析仪测量被测信号时，并不会显示出电压值，只是 High 与 Low 的差别，如果要测量电压就一定需要使用示波器。除了电压值的显示不同外，逻辑分析仪与示波器的另一个差别在于通道数量。一般的示波器只有 2 个通道或 4 个通道，而逻辑分析仪可以拥有 16 个通道、32 个通道、64 个通道和上百个通道数不等，因此逻辑分析仪具备同时进行多通道测试的优势。

逻辑分析仪分为两大类：逻辑状态分析仪（Logic State Analyzer，LSA）和逻辑定时分析仪（Logic Timing Analyzer）。这两类分析仪的基本结构是相似的，主要区别表现在显示方式和定时方式上。①逻辑状态分析仪用字符 0、1 或助记符显示被检测的逻辑状态，显示直观，可以从大量数码中迅速发现错码，便于进行功能分析。逻辑状态分析仪用来对系统进行实时状态分析，检查在系统时钟作用下总线上的信息状态。它的内部没有时钟发生器，用被测系统时钟控制记录，与被测系统同步工作，主要用来分析数字系统的软件，是跟踪、调试程序、分析软件故障的有力工具。②逻辑定时分析仪用来考察两个系统时钟之间的数字信号的传输情况和时间关系，它的内部装有时钟发生器。在内部时钟控制下记录数据，与被测系统异步工作，主要用于数字设备硬件的分析、调试和维修。

逻辑分析仪的功能主要有以下几个方面：

（1）定时分析。定时分析是逻辑分析仪中类似示波器的部分，它与示波器显示信息的方式相同，水平轴代表时间，垂直轴代表电压幅度。定时分析首先对输入波形采样，然后使用用户定义的电压阈值，确定信号的高低电平。定时分析只能确定波形是高还是低，不存在中间电平。所以定时分析就像一台只有 1 位垂直分辨率的数字示波器。但是，定时分析并不能用于测试参量，如果用定时分析测量信号的上升时间，那就用错了仪器。如果要检验几条线上的信号的定时关系，定时分析就是合理的选择。如果定时分析前一次采样的信号是一种状态，这一次采样的信号是另一种状态，那么它就知道在两次采样之间的某个时刻输入信号发生了跳变，但是，定时分析却不知道精确的时刻。最坏的情况下，不确定度是一个采样周期。

（2）跳变定时。如果要对一个长时间没有变化的信号进行采样并保存数据，采用跳变定时能有效地利用存储器。使用跳变定时功能，定时分析仪只保存跳变前的那些样本，以及两个跳变之间的时间间隔，这样，每一跳变就只需使用两个存储器位置，输入无变动时就完全不占用存储器位置。

（3）毛刺捕获。数字系统中毛刺是令人头疼的问题，某些定时分析仪具有毛刺捕获

26

和触发能力,可以很容易地跟踪难以预料的毛刺。定时分析可以对输入数据进行有效的采样,跟踪采样间产生的任何跳变,从而容易识别毛刺。在定时分析中,毛刺的定义是:采样间穿越逻辑阈值多次的任何跳变。显示毛刺是一种很有用的功能,有助于对毛刺触发和显示毛刺产生前的数据,从而帮助我们确定毛刺产生的原因。

（4）状态分析。逻辑电路的状态是:数据有效时,对总线或信号线采样的样本。定时分析与状态分析的主要区别是:定时分析由内部时钟控制采样,采样与被测系统是异步的;状态分析由被测系统时钟控制采样,采样与被测系统是同步的。用定时分析查看事件"什么时候"发生,用状态分析检查发生了"什么"事件。定时分析通常用波形显示数据,状态分析通常用列表显示数据。

逻辑分析仪的主要技术指标有:

（1）通道数。在需要逻辑分析仪的地方,要对一个系统进行全面的分析,就应当把所有应当观测的信号全部引入逻辑分析仪中,这样逻辑分析仪的通道数至少应当是被测系统的字长(数据总线数)+被测系统的控制总线数+时钟线数。这样对于一个 8 位机系统,就至少需要 34 个通道。

（2）定时采样速率。在定时采样分析时,要有足够的定时分辨率,就应当有足够高的定时分析采样速率,但是并不是只有高速系统才需要高的采样速率,现在的主流产品的采样速率高达 2GS/s,在这个速率下,可以看到 0.5ns 时间上的细节。

（3）状态分析速率。在状态分析时,逻辑分析仪采样基准时钟就用被测试对象的工作时钟(逻辑分析仪的外部时钟),这个时钟的最高速率就是逻辑分析仪的高状态分析速率,也就是该逻辑分析仪可以分析的系统最快的工作频率。

（4）每通道的记录长度。逻辑分析仪的内存是用于存储它所采样的数据,以用于对比、分析、转换(如将其所捕捉到的信号转换成非二进制信号)。

（5）测试夹具。逻辑分析仪通过探头与被测器件连接,测试夹具起着很重要的作用。测试夹具有很多种,如飞行头和苍蝇头等。

第3章 基于微控制器的智能环境测控系统设计

本章首先通过一个非常简单的数字温度显示报警器设计实例,详细讲述利用 MCS51 单片机进行设计开发与实现的基本过程,引导初学者体验小型电子产品设计的基本方法,最后给出一个实际的智能环境控制器工程应用案例。

数字温度显示报警器实现的功能如下:

(1)通过按键设定报警温度值。当按下设定报警温度的按键时,液晶屏显示当前报警温度值,按下调节温度的按键,报警温度在允许的范围内增加 1℃。

(2)超温报警。当实际检测温度低于报警温度时,液晶屏显示当前温度值;当检测到的温度高于报警温度时,蜂鸣器发声,液晶屏显示告警。

下面分步骤对数字温度显示报警器的整个实现过程进行讲述,主要包含以下几个部分内容:

(1)硬件设计,包括主要器件的选择与电路原理图设计。

(2)源代码开发,采用 Source Insight 3.5 工具软件编写源代码。

(3)编译调试,采用 Keil uVision4 工具软件编译调试项目。

(4)芯片烧录,采用 STC-ISP. EXE 工具软件进行芯片在线下载。

3.1 硬 件 设 计

3.1.1 器件选择

(1)主芯片 STC89C52RC:8KB Flash,512B RAM,支持在线下载程序。

(2)数字温度传感器 DS18B20:单线智能温度传感器,采集温度。

DS18B20 器件要求采用严格的通信协议,以保证数据的完整性。该协议定义了几种信号类型:复位脉冲,应答脉冲时隙;写0,写1时隙;读0,读1时隙。与 DS18B20 的通信,是通过操作时隙完成单总线上的数据传输。发送所有的命令和数据时,都是字节的低位在前,高位在后。具体几种信号类型介绍如下:

①复位和应答脉冲时隙。每个通信周期起始于微控制器发出的复位脉冲,其后紧跟 DS18B20 发出的应答脉冲,在写时隙期间,主机向 DS18B20 器件写入数据,而在读时隙期间,主机读入来自 DS18B20 的数据。在每一个时隙,总线只能传输一位数据。复位和应答脉冲时隙时序图如图 3-1 所示。

②写时隙。当主机将单总线 DQ 从逻辑高拉到逻辑低时,即启动一个写时隙,所有的写时隙必须在 60~120μs 完成,且在每个循环之间至少需要 1μs 的恢复时间。在写 0 时隙期间,微控制器在整个时隙中将总线拉低;而写 1 时隙期间,微控制器将总线拉低,然

后在时隙起始后 15μs 释放总线。写时隙时序图如图 3-2 所示。

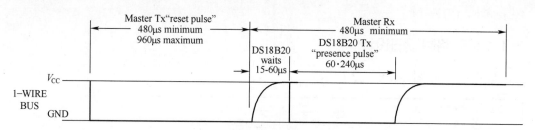

图 3-1　复位和应答脉冲时隙

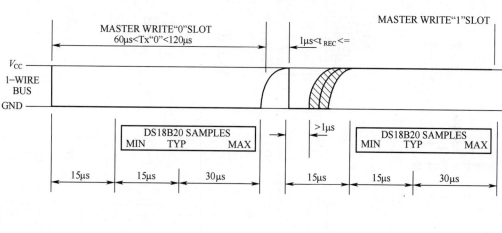

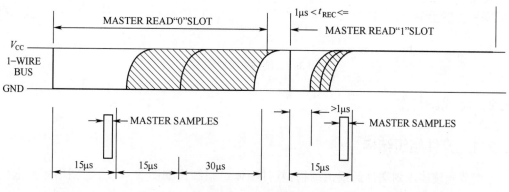

图 3-2　读写时序

③ 读时隙。DS18B20 器件仅在主机发出读时隙时,才向主机传输数据。所以在主机发出读数据命令后,必须马上产生读时隙,以便 DS18B20 能够传输数据。所有的读时隙至少需要 60μs,且在两次独立的读时隙之间,至少需要 1μs 的恢复时间。每个读时隙都由主机发起,至少拉低总线 1μs。在主机发起读时隙之后,DS18B20 器件才开始在总线上发送 0 或 1,若 DS18B20 发送 1,则保持总线为高电平,若发送为 0,则拉低总线,当发送 0 时,DS18B20 在该时隙结束后,释放总线,由上拉电阻将总线拉回至高电平状态。DS18B20 发出的数据,在起始时隙之后保持有效时间为 15μs,因而主机在读时隙期间,必须释放总线,并且在时隙起始后的 15μs 之内采样总线的状态。读时隙时序图如图 3-2 所示。

（3）长沙太阳人电子有限公司的 1602 字符型液晶显示器：用于显示字母、数字、符号等字符型 LCD。

3.1.2 电路原理图设计

硬件系统原理图如图 3-3 所示。

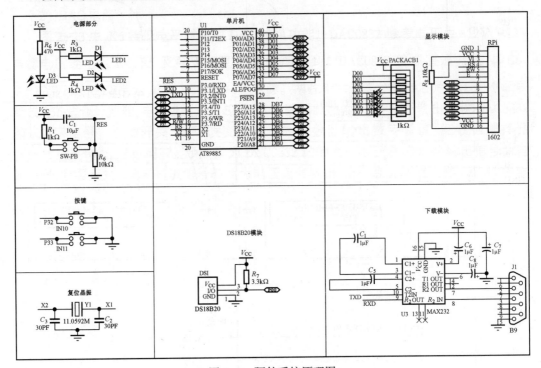

图 3-3 硬件系统原理图

3.2 源代码开发

3.2.1 文件组织结构

本节先整体规划文件的组织结构，软件整体组织结构如图 3-4 所示，图中矩形框代表文件夹，平行四边形代表源文件。

先在 D:\盘下建立 1 个文件夹"温度报警项目"存放整个项目的文件，然后在本文件夹下再建立 3 个文件夹"MAIN""HARDWARE""SourceInsight"。文件夹"HARDWARE"下再建立 4 个文件夹"DS18B20""EXTI""KEY""LCD1602"。

文件夹"HARDWARE"：下面包括 4 个文件夹"DS18B20""EXTI""KEY""LCD1602"。此处分文件夹存放程序的目的是为了区分不同硬件相关的程序，方便查找程序 Bug 和程序的移植。从文件夹的命名可以看出，文件夹"DS18B20"是关于 DS18B20 测温硬件相关的软件程序；文件夹"EXTI"是关于中断的相关程序文件；文件夹"KEY"是关于按键的相关程序文件；文件夹"LCD1602"是关于 LCD1602 显示器件的相关程序文件。每个文件夹下面包含两个文件"*.c"和"*.h"。"*.c"文件主要是实现本硬件相关的子程序；

"＊.h"文件主要是对"＊.c"文件里面程序和数据的声明,以及部分"＊.c"文件需要用到的宏定义声明。这样构造以后,如果外部文件要引用一个"＊.c"文件里面的函数,那么在该外部文件里面只要包括"＊.h",外部文件就可以通过"＊.h"文件引用"＊.c"文件里面的函数。例如:文件夹"MAIN"里面的"main.c"文件要调用文件夹"LCD1602"中"lcd1602.c"的函数,那么就只需要在"main.c"文件里面添加一句#include "lcd1602.h",这样就可以在"main.c"文件里面方便地使用"lcd1602.c"里面的函数了。要注意的是,在编译时要设置一下才能编译成功,在介绍编译项目时会详细说明。

文件夹"MAIN":主要存放"main.c"文件和 Keil 软件的工程设置文件,以及通过 Keil软件生成的一些其他文件,包括最终需要烧写进器件的"ALARM.hex"文件。对于 Keil 软件在下面有简要的介绍。

文件夹"SourceInsight":主要存放 Source Insight 软件的工程项目和 Source Insight 软件产生的一些其他文件。Source Insight 软件是一个程序编辑软件,它的程序编辑功能很强大,查看和编辑代码非常方便。所以在这里我们不用 Keil 软件自带的编辑器编辑程序,而采用 Source Insight 软件来编辑和查看程序。

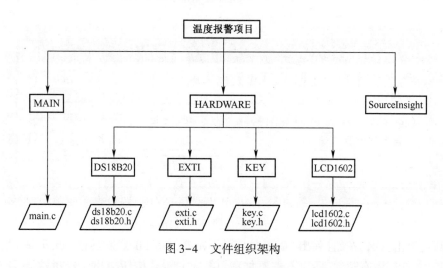

图 3-4　文件组织架构

3.2.2　SourceInsight 编码

Source Insight 是一个面向项目开发的程序编辑器和代码浏览器。Source Insight 能分析源代码并在工作的同时动态维护它自己的符号数据库,并自动显示有用的上下文信息,加上其强大的查找、定位、彩色显示等功能,使得查看和编辑代码非常方便。下面通过项目简要介绍 SourceInsight 的使用。

(1) 打开 SourceInsight 界面,如图 3-5 所示。

(2) 建立工程。

首先,打开 SourceInsight,选择 Project 菜单→New Project。

然后,在出现的对话框中输入工程名,选择存放工程文件的文件夹,如前面建立的文件夹"SourceInsight",单击菜单栏里面的"保存",如图 3-6 所示。

再次,单击"OK"按钮后,弹出如图 3-7 所示的"New Project Settings"对话框。

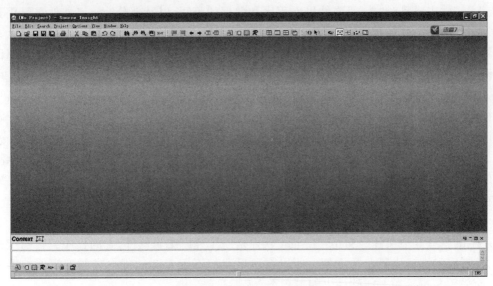

图 3-5　Source Insight 界面

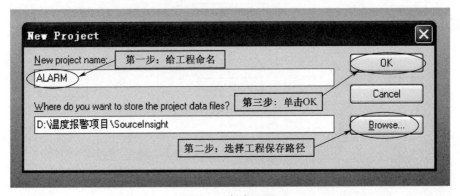

图 3-6　保存工程

最后,单击"OK"按钮,弹出"Add and Remove Project Files"对话框,如图 3-8 所示,这里我们源文件还没有建立,所以不需要加载,单击"Close"按钮退出。经过这 4 步,Source Insight 的"ALARM"工程已经建立了。

(3) 新建源文件"main. c"并保存。

第一,单击"新建"图标,如图 3-9 所示。在弹出的"New File"对话框中改源文件名为"main. c",单击"OK"按钮退出。

第二,单击"保存"图标,选择源文件"main. c"存放在路径:D:\温度报警项目\MAIN下。再单击"保存"按钮,如图 3-10 所示。

第三,弹出"Source Insight"对话框,如图 3-11 所示,单击"是"按钮,这样就把源文件"main. c"加入到 Source Insight 的"ALARM"工程中,下面就可以在 Source Insight 编辑区编辑源文件"main. c"了。

第四,输入源文件"main. c",如图 3-12 所示。

(4) 同新建源文件"main. c"一样,重复上述步骤编写如下源文件。源代码在下节做简要说明。

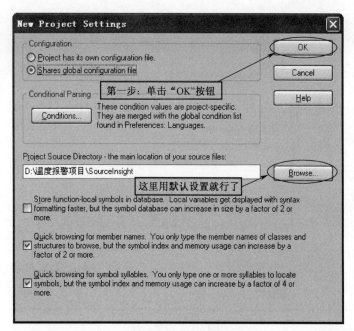

图 3-7　新建工程

图 3-8　添加工程

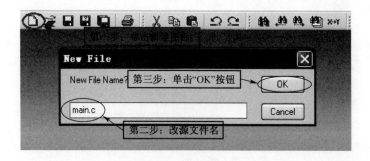

图 3-9　添加文件

"ds18b20. c"和"ds18b20. h"。存放路径 D：\温度报警项目\HARDWARE\DS18B20。

"exti. c"和"exti. h"。存放路径 D：\温度报警项目\HARDWARE\EXTI。

"key. c"和"key. h"。存放路径 D：\温度报警项目\HARDWARE\KEY。

"lcd1602. c"和"lcd1602. h"。存放路径 D：\温度报警项目\HARDWARE\LCD1602。

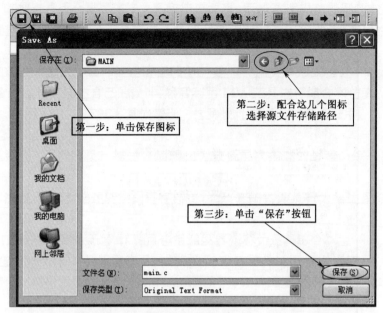

图 3-10　保存工程

图 3-11　加入源文件

图 3-12　编辑代码

3.3　详细源代码及其说明

上面介绍了 Soure Insight 工具和怎样组织源文件,下面给出各个源代码,并做简要的分析。

3.3.1　主程序

即源文件"main.c"。

```
#include <reg52.h>
#include "lcd1602.h"
#include "ds18b20.h"
#include "exti.h"
#include "key.h"
extern int Alarm_Temperature; //报警温度
sbit BUZZ = P0^5;
int temperature=0;
bit state_flag=0;
void main(void)
{
    INT_Init();
    LCD1602();
    Init_Lcd();
    while(1)
    {
        if(state_flag==0)
        {
            Write_command(0x01);
            while(state_flag==0)
            {
                temperature=Read_DS18B20_TEMP();
                if((temperature/100)>=Alarm_Temperature)
                        //读到的温度大于等于报警温度
                {
                    BUZZ = 0; //报警
                    Display_alarm(); //显示警告信息
                }
                else
                {
                    BUZZ = 1;
                    Display_T(); //显示当前温度值
                }
            }
        }
        if(state_flag==1)
        {
            Write_command(0x01);
            Display_OneByte(1,4,Lcd_Display[Alarm_Temperature/10]);
            Display_OneByte(1,5,Lcd_Display[Alarm_Temperature%10]);
```

```
        Display_user_defined(1,7);
        while(state_flag==1)
        {
            setup_alarm_T();  //设定报警温度值
        }
      }
   }
}
```

3.3.2 DS18B20 程序

即源文件"ds18b20. c"和"ds18b20. h"。

(1) 源文件"ds18b20. c":

```
#include"ds18b20.h"
```

/* *

函数功能:DS18B20 的初始化程序

入口参数:无

出口参数:bit 为 0 则初始化成功,为 1 则不成功

* */

```
Bit init_DS18B20(void)
{
    DS18B20_DQ = 1;
    DS18B20_DQ = 0;  //发送复位脉冲
    Delay_Us(247);  //延时500μs(500-5)/2 =247
    DS18B20_DQ = 1;  //释放总线
    Delay_Us(27);  //延时60μs DS18B20 检测到上升沿后,等待15~60μs
    if(DS18B20_DQ == 0)  //检测到18B20,等待15~60μs后 DS18B20 发出存在脉冲
    {
        while(DS18B20_DQ == 0);  //等18B20 松开,存在脉冲持续60~240μs
        return 0;
    }
    else
    {
        return 1;
    }
}
```

/* *

函数功能:向 18B20 写一个字节的数据

入口参数:Value

出口参数:

* */

```
Void Write_DS18B20_one_char(uchar Value)
```

```
{
    uchar i = 0;
    for(i = 0; i< 8; i ++)
      {
            DS18B20_DQ = 1;
            DS18B20_DQ = 0;//总线从高到低产生写时间限
            Delay_Us(5);//延时 15μs
            DS18B20_DQ = Value & 0x01;
            Delay_Us(20);//延时 45μs
            DS18B20_DQ = 1;
            Value >>= 1;//移位的耗时大于 1μs,写数据之间要有 1μs 的间隔
      }
}


/* * * * * * * * * * * * * * * * * * * * * * * * * * * * * * * * * * * * * *
函数功能:向 18B20 读一个字节的数据
入口参数:
出口参数:dat
说明:主机数据线先从高拉至低 1μs 以上,再使数据线升为高电平,从而产生读信号;
每个读周期最短的为 60μs,各个读周期之间必须有 1μs 以上的高电平恢复期。
* * * * * * * * * * * * * * * * * * * * * * * * * * * * * * * * * * * * * */
uchar Read_DS18B20_one_char(void)
{
    uchar i = 0;
    uchar Value = 0;
    for(i = 0; i< 8; i ++)
      {
            DS18B20_DQ = 1;
            DS18B20_DQ = 0;//总线从高到低产生读时间限
            Delay_Us(1);//延时 7μs 产生读时间限
            DS18B20_DQ = 1;
            Delay_Us(1);//延时 7μs
            if(DS18B20_DQ)
                {
                    Value |= 0x01 <<i;//读的数据位移到相应位置
                }
            Delay_Us(17);//延时 40μs
            DS18B20_DQ = 1;
            nop();//延时 1μs,读数据之间要有 1μs 的间隔
      }
    return Value;
}
```

```
int Read_DS18B20_TEMP(void)
{
    uchar Temp_L = 0;
    uchar Temp_H = 0;
    uint Temp = 0;
    int value;
    float t;
    init_DS18B20();//复位 DS18B20
    Write_DS18B20_one_char(0xCC); //跳过 ROM 的命令
    Write_DS18B20_one_char(0x44);//开始稳定转换
    init_DS18B20(); //复位 DS18B20
    Write_DS18B20_one_char(0xCC); //跳过 ROM 的命令
    Write_DS18B20_one_char(0xBE); //读暂存器,读取温度值
    Temp_L = Read_DS18B20_one_char(); //读到的是温度的低 8 位
    Temp_H = Read_DS18B20_one_char(); //读到的是温度的高 8 位
    //将高低两个字节合并成一个整型变量
    Temp = Temp_H;
    Temp<<=8;
    Temp|=Temp_L;
    value = Temp;
    t=value*0.0625;
    //放大 100 倍,使可以显示小数点后两位,并对小数点后第 3 位四舍五入
    value = t * 100 + (value >0 ? 0.5 : -0.5);
    return value;
}
```

```
/* * * * * * * * * * * * * * * * * * * * * * * * * * * * * * * * * * * * *
功能:延时
入口:unsigned int i
出口:无
说明:可以用 keil 的调试功能看到这个程序的汇编程序如下:
    MOV      R7,#0X01;         1个机器周期
    LCALL    DELAY;            2个机器周期
    DELAY:   DJNZ R7,DELAY;    2个机器周期
    RET;                       2个机器周期
假设我们用的是 12MHz 的晶振,这个振荡周期经过 12 分频后给单片机用
也就是 1MHz,这个值的倒数就是机器周期 1μs
当我们想要延时 X 微秒时,则 X = 5+i*2;由此可以算出(uchar i)
* * * * * * * * * * * * * * * * * * * * * * * * * * * * * * * * * * * * * */
void Delay_Us(uchar i)
{
  while(-- i);
}
```

（2）源文件"ds18b20. h"：

```
#ifndef    _DS18B20_H_
#define    _DS18B20_H_
#include<reg52.h>
#include<intrins.h>
#define    uchar  unsigned char
#define    uint   unsigned int
#define    nop() _nop_()
Sbit       DS18B20_DQ = P0^0;
extern     uchar DS18B20_ID[8];
void       Delay_Us(uchar i);
bit        init_DS18B20(void);
uchar      Read_DS18B20_one_char(void);
void       Write_DS18B20_one_char(uchar Value);
int        Read_DS18B20_TEMP(void);
#endif
```

3.3.3　中断程序

即源文件"exti. c"和"exti. h"。

（1）源文件"exti. c"：

```
#include "exti.h"
#include "lcd1602.h"
extern bit state_flag;//主函数里面定义的全局变量,在这里声明
/* * * * * * * * * * * * * * * * * * * * * * * * * * * * * * * * * * * * * * * * * *
功能:中断初始化
入口:无
出口:无
* * * * * * * * * * * * * * * * * * * * * * * * * * * * * * * * * * * * * * * * */
void  INT_Init(void)
{
     IT0 = 1;//设置中断方式
     EX0 = 1;//开外部中断
     EA = 1;//开总中断
}
/* * * * * * * * * * * * * * * * * * * * * * * * * * * * * * * * * * * * * * * * *
功能:中断函数
入口:无
出口:无
* * * * * * * * * * * * * * * * * * * * * * * * * * * * * * * * * * * * * * * * */
void INT_0() interrupt 0 using 0
{
     EA = 0; //关中断
```

```
    state_flag = ~state_flag; //状态取反,说明现在进入设置报警温度状态
    EA = 1; //开中断
}
```

（2）源文件"exti. h"：

```
#ifndef _EXTI_H
#define _EXIT_H
void   INT_Init(void);
#endif
```

3.3.4　按键程序

即源文件"key. c"和"key. h"。

（1）源文件"key. c"：

```
#include "key.h"
#include "lcd1602.h" //包含头文件
int Alarm_Temperature = 24; //报警温度
extern uchar code Lcd_Display[];
void setup_alarm_T(void)
{
    Display_Alarm_T();
    Display_OneByte(1,8,");
    Display_OneByte(1,9,");
    Display_OneByte(1,10,");
    Display_OneByte(1,11,");
    if (K0 = = 0)
    {
        Delay(5000);
        if (K0 = = 0)
        {
            while(K0 = = 0);
            if(Alarm_Temperature< = 30)
            {
                ++Alarm_Temperature;
                Display_OneByte(1,4,Lcd_Display[Alarm_Temperature/10]);
                Display_OneByte(1,5,Lcd_Display[Alarm_Temperature% 10]);
                Delay(2000);
            }
            else
            {
                Alarm_Temperature = 24;
                Display_OneByte(1,4,Lcd_Display[Alarm_Temperature/10]);
                Display_OneByte(1,5,Lcd_Display[Alarm_Temperature% 10]);
                Delay(2000);
```

```
            }
        Display_user_defined(1,7);
            }
        }
    }
```

（2）源文件"key. h"：

```
#ifndef __KEY_H
#define __KEY_H
#include  <reg52.h>
sbit K0 = P3^3;
extern int Alarm_Temperature;
void setup_alarm_T(void);
#endif
```

3.3.5　液晶显示程序

即源文件"lcd1602. c"和"lcd1602. h"。

（1）源文件"lcd1602. c"：

```
#include "lcd1602.h" //包含头文件
uchar    code    warning[] = "   warning!      ";
uchar    code    over_limit[] = "  over limit     ";
uchar    code    Alarm_T[] = "  Alarm T:       ";
uchar    code    T[] = "    T:           ";
extern   int     temperature;
//这个是主函数里面定义的全局变量,在这里声明一下,下面要使用
//自定义摄氏度的字符图形
uchar code user_defined[8] = {0x10,0x06,0x09,0x08,0x08,0x09,0x06,0x00};
uchar code Lcd_Display[] = {'0','1','2','3','4','5','6','7','8','9',
'A','B','C','D','E','F'};


/* * * * * * * * * * * * * * * * * 函数1 * * * * * * * * * * * * * * * * * * * * *
功能:LCD1602 初始化
入口:无
出口:无
* * * * * * * * * * * * * * * * * * * * * * * * * * * * * * * * * * * * * * * * * */
void LCD1602(void)
{
    EN = 0;
    RS = 1;
    RW = 1;
    LCD_DATA = 0xFF;
}
```

```
/* * * * * * * * * * * * * * * * * * * 函数2 * * * * * * * * * * * * * * * * * *
功能:读 LCD1602 是否忙
入口:无
出口:无
* * * * * * * * * * * * * * * * * * * * * * * * * * * * * * * * * * * * * * * * /
void Read_Busy(void)
{
    LCD_DATA = 0xFF;
    RS = 0;
    RW = 1;
    EN = 1;
    while(LCD_DATA & 0x80);
    //判断最高位是否为1(LCD1602 正忙),为1就一直在这里循环等待
    EN = 0;
}


/* * * * * * * * * * * * * * * * * * * * 函数3 * * * * * * * * * * * * * * * * * * * *
功能:写 LCD1602 指令
入口:unsigned char Value :写入的命令值
出口:无
* * * * * * * * * * * * * * * * * * * * * * * * * * * * * * * * * * * * * * * * * * * /
void Write_command(uchar Value)
{
    Read_Busy();//写之前需要读忙,等待 LCD 忙完
    LCD_DATA = Value;
    RS = 0;
    RW = 0;
    EN = 1;
    EN = 0;
}


/* * * * * * * * * * * * * * * * * * * 函数4 * * * * * * * * * * * * * * * * * * * * *
功能:写 LCD1602 数据
入口:unsigned char Value :写入的数据值
出口:无
* * * * * * * * * * * * * * * * * * * * * * * * * * * * * * * * * * * * * * * * * * /
void Write_data(uchar Value)
{
    Read_Busy();//写之前需要读忙,等待 LCD 忙完
    LCD_DATA = Value;
    RS = 1;
    RW = 0;
    EN = 1;
```

```
    EN = 0;
}
```

/* * * * * * * * * * * * * * * 函数 5 * * * * * * * * * * * * * * * * * * *

功能:LCD1602 显示初始化

入口:无

出口:无

* /

```
void Init_Lcd(void) //根据 1602 液晶初始化过程写的初始化子程序
{
    Delay(15000);
    Write_command(0x38);
    Delay(5000);
    Write_command(0x38);
    Delay(5000);
    Write_command(0x38);
    Write_command(0x08);      //显示关闭
    Write_command(0x01);      //显示清屏
    Write_command(0x06);      //写入新数据后光标右移
    Write_command(0x0c);      //开显示,有光标,光标闪烁
}
```

/* * * * * * * * * * * * * * * 函数 6 * * * * * * * * * * * * * * * * * * *

功能:根据坐标(x,y)显示 1 个字符在 LCD1602 上

入口:unsigned char x:行坐标

　　　unsigned char y:列坐标

出口:无

* /

```
void Display_OneByte(ucharx,uchary,uchar Value)
{
    x &= 0x01; //因为 1602 只有 2 行可显示,所以 x 不能大于 1
    y &= 0x0F; //因为 1602 每行只能显示 16 个字符,所以 y 不能大于 15
    if(x)      //要显示在第二行,必须加上 0x40;
    {
        y += 0x40; //DDRAM 与显示位置第二行的对应要加上 0x40
    }
    y += 0x80;              //命令,表示写进的数据是地址
    Write_command(y);  //写入显示的位置
    Write_data(Value); //写入要显示的字符
}
```

/* * * * * * * * * * * * * * * 函数 7 * * * * * * * * * * * * * * * * * * *

功能:根据坐标(x,y)显示一串字符在 LCD1602 上

入口:unsigned char x: 行坐标

　　　unsigned char y: 列坐标

出口:无

* /

```c
void Display_String(uchar x,uchar y,uchar *p)
{
    uchar i = 0;
    x &= 0x01;          //因为1602只有2行可显示,所以x不能大于1
    y &= 0x0F;          //因为1602每行只能显示16个字符,所以y不能大于15
    while(y <= 15)      //最大只能显示16个字符
    {
        Display_OneByte(x,y,p[i]);//显示1个字符在x行y列
        y ++;                     //列自加
        i ++;                     //指针后移,指向下一个字符
    }
}
```

/* * * * * * * * * * * * * * * 函数8 * * * * * * * * * * * * * * * *

功能:延时

入口:unsigned int i

出口:无

* /

```c
void Delay(uint i)
{
    while(-- i);
}
```

/* * * * * * * * * * * * * * * * * 函数9 * * * * * * * * * * * * * * * *

功能:CGRAM区0地址写入自定义的显示

　　　并在显示屏指定坐标(x,y)显示该自定义字符

入口:unsigned char x:行坐标

　　　unsigned char y:列坐标

出口:无

* /

```c
void Display_user_defined(uchar x,uchar y)
{
    uchar i = 0;
    Write_command(0x40);             //设置CGRAM区写入自定义的显示的地址
    for(i = 0; i< 8; i++)
    {
        Write_data(user_defined[i]); //完成显示数据送到RAM区
    }
    x &= 0x01;   //因为1602只有2行可显示,所以x不能大于1
```

```
    y &= 0x0F;    //因为 1602 每行只能显示 16 个字符,所以 y 不能大于 15
    if(x)         //要显示在第二行,必须加上 0x40;
    {
        y += 0x40;//DDRAM 与显示位置第二行的对应要加上 0x40
    }
    y += 0x80;    //加 80 是 DDRAM 地址指令的要求,表示写进的数据是地址
    Write_command(y);    //指定显示的位置
    Write_data(0x00);    //CGRAM 区的 00 位置的数据取出
}
```

```
/* * * * * * * * * * * * * * * * 函数 10 * * * * * * * * * * * * * * * * *
功能:超过报警温度的告警显示
    在第一行显示 warning! 在第二行显示 over limit
入口:无
出口:无
* * * * * * * * * * * * * * * * * * * * * * * * * * * * * * * * * * * * * * * /
void Display_alarm(void)
{
    Display_String(0,0,warning);
    Display_String(1,0,over_limit);
}
```

```
/* * * * * * * * * * * * * * * * * 函数 11 * * * * * * * * * * * * * * * * * *
功能:告警温度显示 Alarm T:
入口:无
出口:无
* * * * * * * * * * * * * * * * * * * * * * * * * * * * * * * * * * * * * * * /
void Display_Alarm_T(void)
{
    Display_String(0,0,Alarm_T);
}
```

```
/* * * * * * * * * * * * * * * * * 函数 12 * * * * * * * * * * * * * * * * * *
功能:温度显示 Alarm T:
入口:无
出口:无
* * * * * * * * * * * * * * * * * * * * * * * * * * * * * * * * * * * * * * * /
void Display_T(void)
{
    Display_String(0,0,T);
    Display_OneByte(1,0,'');
    Display_OneByte(1,1,'');
    Display_OneByte(1,2,'');
```

```
    Display_OneByte(1,3,'');
    Display_OneByte(1,4,'');
    Display_OneByte(1,5,'');
    Display_OneByte(1,6,Lcd_Display[temperature/1000]);
    Display_OneByte(1,7,Lcd_Display[temperature/100%10]);
    Display_OneByte(1,8,'.');
    Display_OneByte(1,9,Lcd_Display[temperature%100/10]);
    Display_OneByte(1,10,Lcd_Display[temperature%10]);
    Display_OneByte(1,11,'');
    Display_user_defined(1,12);
    Display_OneByte(1,13,'');
    Display_OneByte(1,14,'');
    Display_OneByte(1,15,'');
}
```

（2）源文件"lcd1602.h：

```
#ifndef __LCD1602_H//防止重复包含
#define __LCD1602_H
#include <reg52.h>
#include <intrins.h>
#define LCD_DATA P2
#define uchar unsigned char
#define uint unsigned int
sbit RS = P3^7;
sbit RW = P3^6;
sbit EN = P3^5;
/*
```
数据声明,注意数据声明前加 extern,否则编译时会出现重复定义的错误。lcd1602.c 里面非全局
调用的数据不要在此声明,只有外部要调用的全局变量在此声明
```
*/
extern uchar w1[];
extern uchar code Lcd_Display[16];
//函数声明
void LCD1602(void);
void Read_Busy(void);
void Write_command(unsigned char Value);
void Write_data(unsigned char Value);
void Init_Lcd(void);
void Display_OneByte(unsigned char x,unsigned char y,unsigned char Value);
void Display_String(unsigned char x,unsigned char y,unsigned char *p);
void Delay(unsigned int i);
void Display_user_defined(unsigned char x,unsigned char y);
void Display_alarm(void);
```

```
void Display_Alarm_T(void);
void Display_T(void);
#endif
```

3.4　调试与实现

3.4.1　编译调试过程

源文件已经初步编辑好了,那么到底有没有语法错误,怎么调试,我们采用的工具是 Keil 软件。以上所有的工作,包括编辑源文件、调试程序等,目的都是为了得到最终的 .bin 或 .hex 文件,因为单片机只识别 0、1 数据,最终需要把这个二进制文件烧写进我们的目标器件即单片机,而该二进制文件就是我们利用 Keil 软件得到的。本节介绍 Keil 软件的使用过程,最终生成 .hex 文件。

单击 Windows 的"开始"菜单,选中"程序",在"程序"里面选中"Keil uVision4"。这样就打开了 Keil uVision4 软件。界面如图 3-13 所示。

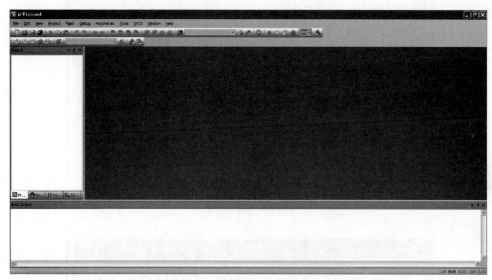

图 3-13　Keil uVersion4 界面

1. 创建一个工程

如图 3-14 所示,单击"Project→New uVision Project"新建一个工程,在弹出的 Create New Project 对话框中选择放在刚才建的"MAIN"文件夹下,命名为"ALARM",不要加后缀,单击"保存"按钮,如图 3-14 所示。

在弹出的选择器件对话框中拉动滚动条,看到"Atmel",单击前面的"+"展开,然后选择"AT89C52",单击"OK"按钮,如图 3-15 所示。

弹出如图 3-16 所示对话框,选择"否"。

2. 添加组

如图 3-17 所示,在左边"Project"栏下面右击"Target 1",然后单击"Manage Components…"。

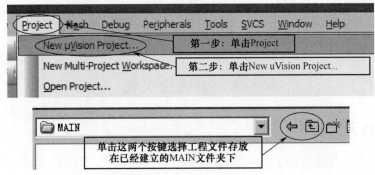

图 3-14　新建工程并保存

在弹出的添加组对话框中新建组"MAIN"和"HARDWARE",如图 3-18 所示。

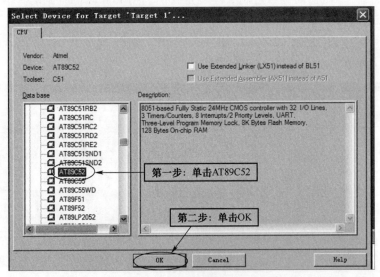

图 3-15　选择编程器件

图 3-16　在弹出对话框中选择"否"

单击 ![icon] ,输入"HARDWARE",然后单击"OK"按钮,如图 3-19 所示。

3. 在组中加入源文件

如图 3-20 所示,把"main. c"加入组"MAIN"。

同"main. c"加入组"MAIN"的步骤一样,把"HARDWARE"文件夹下的 C 文件加入组"HARDWARE",如图 3-21 所示,最后 Project 栏如图 3-22 所示。

4. 编译和生成 HEX 文件

如图 3-23 所示,进行生成 HEX 文件的设置,在"Output"选项卡里面设置如图第三

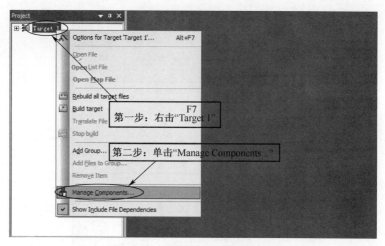

图 3-17　选择 Manage Components

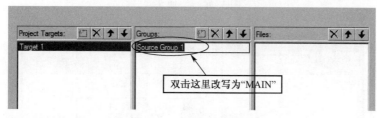

图 3-18　新建组对话框

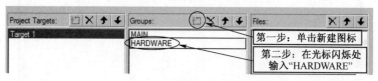

图 3-19　选择 HARDWARE

步,如果里面没打勾,编译时不会生成 HEX 文件。

如图 3-24 所示,把头文件所在的路径加入进来,如果不加入进来,那么编译会找不到头文件,编译就不可能成功。

按图 3-24 所示步骤把所有头文件夹的路径加进来,结果如图 3-25 所示。

编译过程如图 3-26 所示。

看到如图 3-27 所示的"Build Output"窗口输出信息,显示 0 个错误,0 个警告,说明编译成功。

下面做一个编译不成功的例子演示,如图 3-28 所示,可以看到第二步变量前面多加了一个"a",这样就因为没定义而产生错误。如图 3-28 第五步所示双击,那么光标会跳到产生错误的那行。在图 3-28 的第一步中我们看到,双击后,在右边的文本编辑区显示了源文件"main. c",可对源文件进行修改。

图 3-29 说明双击后错误产生的位置。

再去掉变量前面多加的"a",重新编译,即可编译成功,可以看到"MAIN"文件夹里生成了"ALARM. hex"。

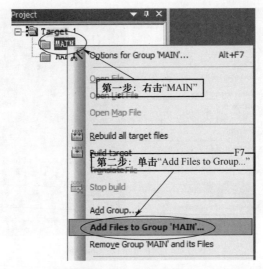

图 3-20　添加文件

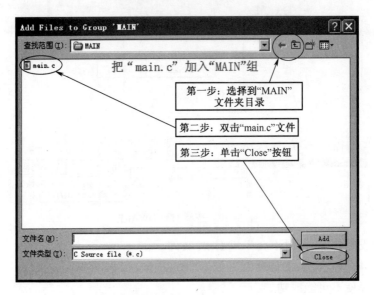

图 3-21　保存 C 文件

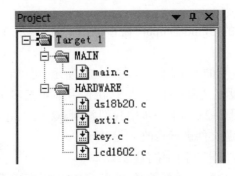

图 3-22　查看工程栏

图 3-23　生成 HEX 文件

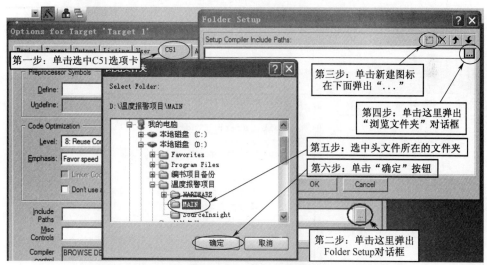

图 3-24　添加头文件

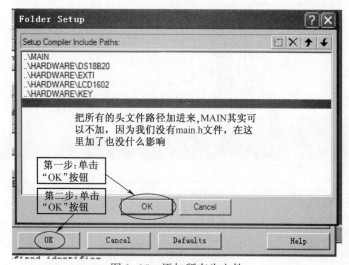

图 3-25　添加所有头文件

图 3-26　开始编译

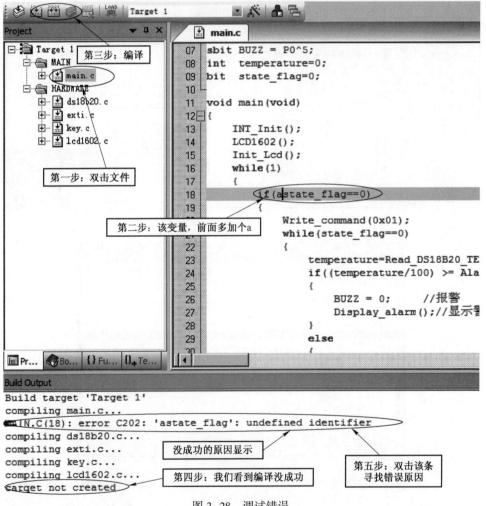

图 3-27　编译成功

图 3-28　调试错误

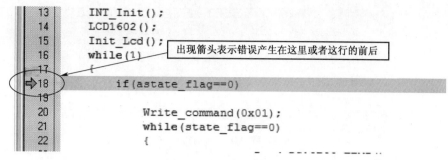

图 3-29　查看错误位置

3.4.2　芯片烧录

本演示采用的是 STC89C52 单片机,支持串口下载,用 STC-ISP. EXE 软件下载,配置如图 3-30 所示。

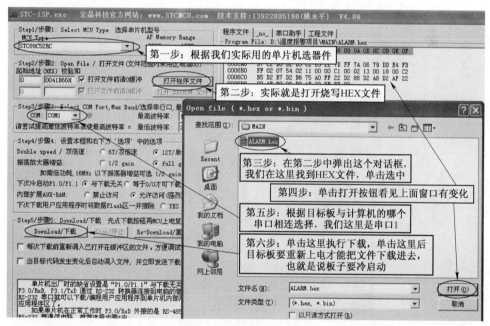

图 3-30　下载 HEX 文件

当看到如图 3-31 所示信息时,说明下载成功,开发板将出现预期设定的效果。

3.4.3　作品功能演示

程序烧录成功后,该温度报警器就能正常工作。当实际检测温度低于报警温度时,显示器会显示当前温度值,如图 3-32 所示。

当检测到的温度高于报警温度时,蜂鸣器发声,显示器就会出现警告,如图 3-33 所示。

当按下设定报警温度的按键时,显示器显示当前报警温度值,这时按下调节温度的按键,报警温度就会在允许的范围内增加 1℃,如图 3-34 所示。

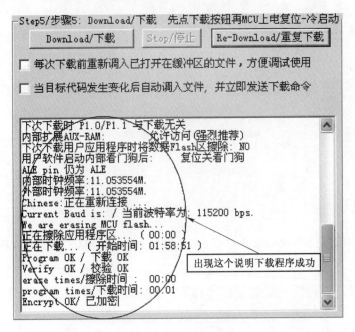

图 3-31 下载成功信息

图 3-32 显示温度

3.4.4 改进美化

目标:完整显示摄氏度字符"℃"。

过程:对 lcd1602.c 进行修改,具体方法如下:

(1) 修改自定义摄氏度的字符图形。

uchar code user_defined[8] = {0x10,0x06,0x09,0x08,0x08,0x09,0x06,0x00};

一行修改为:

uchar code user_defined[8] = {0x04,0x0A,0x0A,0x04,0x00,0x00,0x00,0x00};

(2) 修改函数 Display_T(函数 12)的代码。其中,加波浪线的代码为修改部分。

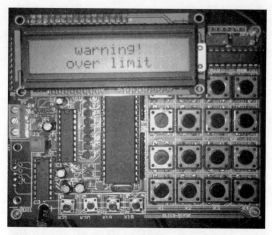

图 3-33　显示超出界限

图 3-34　调节报警温度

```
void Display_T(void)
{
    Display_String(0,0,T);
    Display_OneByte(1,0,' ');
    Display_OneByte(1,1,' ');
    Display_OneByte(1,2,' ');
    Display_OneByte(1,3,' ');
    Display_OneByte(1,4,' ');
    Display_OneByte(1,5,' ');
    Display_OneByte(1,6,Lcd_Display[temperature/1000]);
    Display_OneByte(1,7,Lcd_Display[temperature/100%10]);
    Display_OneByte(1,8,'.');
    Display_OneByte(1,9,Lcd_Display[temperature%100/10]);
    Display_OneByte(1,10,Lcd_Display[temperature%10]);
    Display_OneByte(1,11,' ');
```

```
Display_user_defined(1,12);
Display_OneByte(1,13,'C');
Display_OneByte(1,14,'');
Display_OneByte(1,15,'');
}
```

修改完成后,重新编译并烧录,程序运行的实际效果如图 3-35 所示。

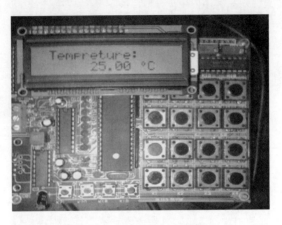

图 3-35　美化后显示效果

3.5　智能环境控制器设计实例

本节给出一个基于微控制器的智能环境控制器设计实例。系统采用 DS18B20 传感器测量温度,HSU-07J5-N 传感器测量湿度,QS-01 传感器测量空气质量,测试得到的环境参数值通过 485 总线上传至主控处理器,按照设置的控制方案,自动控制多部风机、喷雾设备等工作,进行温度、湿度、空气质量的调节。其中,环境感知部分采用 PIC16F73 微控制器完成设计,具体源代码如下:

```
/* * * * * * * * * * * * * * * * * * * * * * * * * * * * * * * * * * * *
工程名称: PIC16_F73
功能描述:DS18B20 测温,HSU-07J5-N 测湿度,QS-01 测空气质量,485 总线上传
 * * * * * * * * * * * * * * * * * * * * * * * * * * * * * * * * * * * */
#include <pic.h>
#include <math.h>


#define uchar unsigned char
#define uint  unsigned int
#define    DQ     RB3      //温度控制口 RB3
#define    LED1   RC2      //定义 LED1
#define    LED2   RC3      //定义 LED2
#define    RO     RC7      //定义 485 的 RO
#define    DI     RC6      //定义 485 的 DI
```

```
#define    RE_485 RC5      //定义 485 的 RE,用于发送接收模式选择
int     ch_485;               //用于存放 485 串口接收到的数据
uint    temp1,temp2,count11,flag_1s; //Time0 和 Time1 使用
uint disbuf;
uchar dis_wd[10]={' ',' ',' ',0x00,0x00,0x00,'.',0x00,0xeb,'C'};
uchar dis_sd[5]={0x00,'.',0x00,0x00,'V'};
uchar dis_kq[5]={0x00,'.',0x00,0x00,'V'};
uchar dis_grade_sd[2]={0x00,0x00};
uchar dis_grade_kq[2]={0x00,0x00};


//* * * * * * * * * * * * * * * * * * * * * * * * * * * * * * * * * * * * *
//延时
//* * * * * * * * * * * * * * * * * * * * * * * * * * * * * * * * * * * * *
void delay1(uint time)
{
    uint i,j;
    for(i = 0;i < time; i++)
    {
        asm( "CLRWDT");
        for(j = 0;j < 30; j++);
    }
}


//* * * * * * * * * * * * * * * * * * * * * * * * * * * * * * * * * * * * *
//精确延时函数
//* * * * * * * * * * * * * * * * * * * * * * * * * * * * * * * * * * * * *
void delay2(uint time)        //延时 10μs(4M 系统时钟)
{
uint i;
    for(i = time;i> 0;i--);
}


//* * * * * * * * * * * * * * * * * * * * * * * * * * * * * * * * * * * * *
//IO 初始化操作
//* * * * * * * * * * * * * * * * * * * * * * * * * * * * * * * * * * * * *
void IO_init(void)
{
```

```
    ADCON1 = 0x00;              //RA 口为数字量
    TRISA = 0B11111111;         //RA 置为输入
    //TRISB = 0B11000000;       //RB0-RB5 置为输出,其他为未用设置为输入
    //TRISC = 0B11111010;       //RC0,RC2 为输出,其他未用设置为输入
    //RBIE = 0;                 //RB 口电平变化中断禁止
    TRISB = 0xf7;               //RB3 设置为输出
    TRISC = 0x93;               //置 RC6/TX 与 RC7/RX 分别为 UART 的传送与接收引脚
}


// * * * * * * * * * * * * * * * * * * * * * * * * * * * * * * * * * *
//DS18B20 传感器初始化
// * * * * * * * * * * * * * * * * * * * * * * * * * * * * * * * * * *
int init_18b20()
{
uchar flag;
    DQ = 1;
    DQ = 0;
    delay2(50);                 // *延时,要求精度,要求大于 480μs,小于 960μs *
    DQ = 1;
    //以上操作后,单片机接收复位脉冲
    TRISD7 = 1;                 //设置数据线为输入
    delay2(6);                  // *延时,等待 15~60μs
    if(DQ == 1)                 //DQ 管脚送出 60~240μs 的 0 脉冲,以示初始化成功
    flag = 1;                   //初始化失败标志
    else
    {
    flag = 0;                   //初始化成功标志
    while(DQ == 0);             //等待 0 脉冲结束
    }
    TRISD7 = 0;                 //设置数据线为输出
    DQ = 1;
    return(flag);
}


// * * * * * * * * * * * * * * * * * * * * * * * * * * * * * * * * * *
//DS18B20 写一个字节函数
// * * * * * * * * * * * * * * * * * * * * * * * * * * * * * * * * * *
write_byte(uchar t)
{
```

```
uchar i;
for(i=0;i<8;i++)          //循环 8 次写入 1B
    {
        DQ=0;             //数据线置低
        delay2(1);        //延时
        DQ=t&0x01;        //发送 1 位数据,最低位开始
        delay2(6);        // *延时,要求精度 *
        DQ=1;             //数据线置高
        t=t>>1;           //右移 1 位
        delay2(1);        //延时
    }
}


// * * * * * * * * * * * * * * * * * * * * * * * * * * * * * * * * * * *
//DS18B20 读一个字节函数
// * * * * * * * * * * * * * * * * * * * * * * * * * * * * * * * * * * *
ucharread_byte()
{
uchar i,value=0;;
 for(i=0;i<8;i++)         //循环 8 次读取 1B
  {
        value=value>>1;   //右移 1 位
        DQ=0;             //数据线置低
        NOP();
        DQ=1;             //数据线置高
        NOP();
        TRISD7=1;         //设置数据线为输入
        if(DQ)value=value|0x80;   //判断接收的 1 位数据是否为 1
        TRISD7=0;         //设置数据线为输出
        delay2(6);        // *延时,要求精度 *
  }
 return(value);           //返回结果
}


// * * * * * * * * * * * * * * * * * * * * * * * * * * * * * * * * * * *
//DS18B20 温度数据处理子函数
// * * * * * * * * * * * * * * * * * * * * * * * * * * * * * * * * * * *
uint chuli_wendu(uint temperature)
{
```

```
  float t;
  if(temperature&0x8000)                //判断是否为负数
      {
          temperature = ~temperature+1;  //取反加 1
dis_wd[3]=0xb0;                          //显示负号
      }
  else
      {
dis_wd[3]=0x2b;                          //显示正号
      }
  t=temperature*0.0625+0.05;             //计算出温度值,百分位四舍五入
  temperature=(int)(t*10);               //显示到小数点后 1 位,乘 10 后取整得到十分位
  return(temperature);
}


//*******************************************
//DS18B20 温度采集函数
//*******************************************
uintget_temp()
{
uint dat;
uchar wenl,wenh;
    init_18b20();                        //复位
write_byte(0xcc);                        //不进行编号匹配
write_byte(0x44);                        //进行温度转换
    init_18b20();                        //复位
write_byte(0xcc);                        //不进行编号匹配
write_byte(0xbe);                        //发读命令
wenl=read_byte();                        //温度低 8 位
wenh=read_byte();                        //温度高 8 位
dat=(wenh<<8)+wenl;                      //数据高低 8 位合并
    return(dat);                         //返回测量结果
}


//*******************************************
//初始化串口
//*******************************************
void init_com( void )
{
    TXSTA=0x24;
    //发送数据控制位配置 00100100,异步方式,波特率=Fosc/16*(SPBTG+1)
    //TXSTA 寄存器的 D5(TXEN)=1,启动 UART 的发送功能
    RCSTA=0x90;//接收数据控制位配置 10010000,设置连续接收数据
```

```
    //RCSTA 寄存器的 D4(CREN)=1,启动 UART 的接收功能
    RCIE=1;        //接收中断使能
    SPBRG=25;      //波特率 9600,时钟 4MHz,波特率=4000000/16/(25+1)=9615baud/s
    SPEN=1;        //串口使能位
    PEIE=1;        //INTCON 的 D6(PEIE)=1,外围中断开关打开
    GIE=1;         //总中断开启
}


// * * * * * * * * * * * * * * * * * * * * * * * * * * * * * * * * * * * * *
//名称:AD 初始化函数
// * * * * * * * * * * * * * * * * * * * * * * * * * * * * * * * * * * * * *
void AD_init(void)
{
    ADCS0=0;       //AD 转换时钟选择位=FOSC/32
    ADCS1=1;       //AD 转换时钟选择位=FOSC/32
    ADIE=0;        //禁止 AD 中断
}



// * * * * * * * * * * * * * * * * * * * * * * * * * * * * * * * * * * * * *
//名称:AD 读取函数
// * * * * * * * * * * * * * * * * * * * * * * * * * * * * * * * * * * * * *
unsigned char adc_read(void)
{
    unsigned char buf;
    PCFG0=0;       //RA0~RA5 为 AD,只需要 RA0 和 RA5 为模拟口
    PCFG1=0;       //RA0~RA5 为 AD,只需要 RA0 和 RA5 为模拟口
    PCFG2=0;       //RA0~RA5 为 AD,只需要 RA0 和 RA5 为模拟口
asm("NOP");
asm("NOP");
asm("NOP");
asm("NOP");

    ADON=1;        //AD 转换状态位,1:AD 工作中,0:AD 模块关闭
    asm("CLRWDT");
    asm("NOP");
    asm("NOP");
    asm("NOP");
    asm("NOP");    //稍作延时
    ADGO=1;        //AD 转换正在进行,该位置 1 将启动 AD 转换,完成后自动清 0
    while(ADGO)    //如果仍为 1,转换未结束,为 0,转换结束
```

```
continue;                     //直到转换完成
buf =ADRESH;
    PCFG0 = 0;                 //RA0~RA5 为 AD,只需要 RA0 和 RA5 为模拟口
    PCFG1 = 0;                 //RA0~RA5 为 AD,只需要 RA0 和 RA5 为模拟口
    PCFG2 = 0;                 //RA0~RA5 为 AD,只需要 RA0 和 RA5 为模拟口
    return buf;
}
```

```
// * * * * * * * * * * * * * * * * * * * * * * * * * * * * * * * * * * * *
//名称: AD 值与电压转换函数
// * * * * * * * * * * * * * * * * * * * * * * * * * * * * * * * * * * * *
unsigned int Change(unsigned char buf)
{
    unsigned int k;
    double i_val, f_val;       //定义浮点数
i_val =(double)buf;            //将 A/D 值转换成浮点数
i_val =(i_val * 500)/255;      //电压转换,将 0~255 转换成 0~500
f_val = modf(i_val, &i_val);   //浮点数运算后,将整数分离出来
    k =(int)i_val;             //将浮点数转换成 INT 型
    return k;
}
```

```
// * * * * * * * * * * * * * * * * * * * * * * * * * * * * * * * * * * * *
//名称:通过 485 上传温度、湿度、空气质量等数据函数
// * * * * * * * * * * * * * * * * * * * * * * * * * * * * * * * * * * * *
void Sendback_485_jh2(void)
{
        GIE = 0;                   //总中断关闭
        RE_485 = 1;                //设置 485 为发送模式

        TXREG =dis_wd[4];          //发送温度数据十位
        while (TRMT ==0);
        delay1(5);

        TXREG =dis_wd[5];          //发送温度数据个位
        while (TRMT ==0);
        delay1(5);
        TXREG =dis_wd[J];          //发送温度数据小数
        While(TRMT ==0);
        delay1(5);
        TXREG =dis_wd[7];          //发送温度数据小数
```

62

```
    while (TRMT = = 0);
    delay1(5);

    TXREG = dis_grade_sd[0];    //发送湿度等级数据
    while (TRMT = = 0);
    delay1(5);

    TXREG = dis_grade_sd[1];    //发送湿度等级数据
    while (TRMT = = 0);
    delay1(5);

    TXREG = dis_grade_kq[0];    //发送空气质量等级数据
    while (TRMT = = 0);
    delay1(5);

    TXREG = dis_grade_kq[1];    //发送空气质量等级数据
    while (TRMT = = 0);
    delay1(5);

    TXREG = 'A';                //发送温度数据十位
    while (TRMT = = 0);
    delay1(5);

    GIE = 1; /                 /总中断开启
    RE_485 = 0;                //设置 485 为接收模式
}


// * * * * * * * * * * * * * * * * * * * * * * * * * * * * * * * * * * * *
//名称：采集湿度数据——对应等级计算函数
// * * * * * * * * * * * * * * * * * * * * * * * * * * * * * * * * * * * *
unsigned int grade_shidu( uint buf_sum)
{
    unsigned int k;
    double i_val, f_val;            //定义浮点数
i_val = (double)buf_sum;            //将值转换成浮点数
i_val = i_val /1000;
    if    ((i_val>=0.484) && (i_val<0.885))  {//RH 值在 10~20 之间
    i_val = 10 + 10 /(0.885-0.484) * (i_val - 0.484);
    }
    else if ((i_val>=0.885) && (i_val<1.383))  {//RH 值在 20~30 之间
    i_val = 20 + 10 /(1.383-0.885) * (i_val - 0.885);
```

```
    }
        else if ((i_val>=1.383) && (i_val<1.744))  {//RH 值在 30~40 之间
            i_val = 30 + 10/(1.744-1.383) * (i_val - 1.383);
    }
        else if ((i_val>=1.744) && (i_val<2.011))  {//RH 值在 40~50 之间
            i_val = 40 + 10/(2.011-1.744) * (i_val - 1.744);
    }
        else if ((i_val>=2.011) && (i_val<2.220))  {//RH 值在 50~60 之间
            i_val = 50 + 10/(2.220-2.011) * (i_val - 2.011);
    }
    else if ((i_val>=2.220) && (i_val<2.412))  {//RH 值在 60~70 之间
            i_val = 60 + 10/(2.412-2.220) * (i_val - 2.220);
    }
        else if ((i_val>=2.412) && (i_val<2.589))  {//RH 值在 70~80 之间
            i_val = 70 + 10/(2.589-2.412) * (i_val - 2.412);
    }
        else if ((i_val>=2.589) && (i_val<=2.771))  {//RH 值在 80~90 之间
            i_val = 80 + 10/(2.771-2.589) * (i_val - 2.589);
    }
        else if (i_val>2.771)    {//RH 值在 90~99 之间
            i_val = 92;
    }
    else if (i_val<0.484)   {//RH 值在 00~10 之间
            i_val = 8;
    }
    else
        i_val = 45;

f_val = modf(i_val, &i_val);          //浮点数运算后,将整数分离出来
    k =(int)i_val;                    //将浮点数转换成 INT 型
    return k;
}


// * * * * * * * * * * * * * * * * * * * * * * * * * * * * * * * * * * * * *
//名称: 采集湿度数据——对应等级计算函数
//说明:测得电压值 0~5V 直接量化成 0~99 个等级
// * * * * * * * * * * * * * * * * * * * * * * * * * * * * * * * * * * * * *
unsigned int grade_kongqi(uint buf_sum)
{
    unsigned int k;
    double i_val, f_val;              //定义浮点数
```

```
    i_val =(double)buf_sum;              //将值转换成浮点数
    i_val =i_val/50;                     //做电压转换变成 0~99 等级
    /* 因为 8 位 AD 值为 0~255,通过 change 函数(i_val/255)*500 后转换成 0~500
    buf_sum 对应的实际参数 sum_kongqi 为 10 次 AD 采样
    所以先除以 10,再除以 100 变成 0~5V 电压
    乘以 100 再除以 5 得到 0~99 等级,总体化简后变成/50 */
    if (i_val>24)
        i_val = i_val-24;
    else i_val =0;
    if (i_val>=100)    {                 //值在 00~99 之间
        i_val = 99;
    }
    f_val = modf(i_val, &i_val);         //浮点数运算后,将整数分离出来
    k =(int)i_val;                       //将浮点数转换成 INT 型
    return k;
}



// * * * * * * * * * * * * * * * * * * * * * * * * * * * * * * * * * * * *
//名称:采集温度、湿度、空气质量等数据做 10 次平均函数
// * * * * * * * * * * * * * * * * * * * * * * * * * * * * * * * * * * * *
void data_filter_10(void)
{
uint buf1,i,grade_sd,grade_kq;
uint temp,dis_wendu,dis_shidu,dis_kongqi;
uint sum_wendu,sum_shidu,sum_kongqi;
    GIE =0;                              //总中断关闭
sum_wendu =0; sum_shidu =0; sum_kongqi =0;
    for(i = 0;i < 10; i++)              //做温度、湿度、空气质量 10 次平均处理
    {
        temp =get_temp();               //获取温度值
        temp =chuli_wendu(temp);        //数据处理
        sum_wendu =sum_wendu + temp;
        AD_init();                      //调用 AD 初始化函数,处理湿度值
        CHS2 =1; CHS1 =0; CHS0 =0;
        buf1 =adc_read();               //读出 0 通道的 AD 值
        disbuf =Change(buf1);           //转换成电压值
        sum_shidu =sum_shidu + disbuf;
        AD_init();                      //调用 AD 初始化函数,处理空气质量值
        CHS2 =0; CHS1 =0; CHS0 =0;
        buf1 =adc_read();               //读出 0 通道的 AD 值
        disbuf =Change(buf1);           //转换成电压值
```

```
            sum_kongqi = sum_kongqi + disbuf;
    }
grade_sd = grade_shidu(sum_shidu);
grade_kq = grade_kongqi(sum_kongqi);
dis_wendu = sum_wendu/10;
dis_shidu = sum_shidu/10;
dis_kongqi = sum_kongqi/10;
dis_wd[7] = dis_wendu%10+0x30;          //除10取余得温度十分位
    //1602只识别ASCII码,+0x30目的就是把十六进制转ASCII
dis_wd[4] = dis_wendu/100+0x30;         //除100取整得温度十位
dis_wd[5] = dis_wendu%100/10+0x30;
    //除100取余得十位和个位,除10取整得温度个位


dis_grade_sd[0] = grade_sd/10+'0';
dis_grade_sd[1] = grade_sd%10+'0';


dis_grade_kq[0] = grade_kq/10+'0';
dis_grade_kq[1] = grade_kq%10+'0';
GIE = 1;                  //总中断开启
}


// * * * * * * * * * * * * * * * * * * * * * * * * * * * * * * * * * * * *
//名称:timer0初始化
// * * * * * * * * * * * * * * * * * * * * * * * * * * * * * * * * * * * *
void timer0_init(void)              //fosc/4=4M/4,所以计数周期为1μs
{
    T0CS = 0;                            //timer0工作于定时器方式
    PSA = 1;                             //timer0不分频
    T0IF = 0;                            //清timer0中断标志
    T0IE = 1;                            //timer0中断允许
    TMR0 = 0xAA;
    /* 置初值,定时100μs。因为写入TMR0后接着的两个周期不能增量,中断
    需要3个周期的响应时间,以及C语言自动进行现场保护要消耗周期,取
    修正值15,所以只需要定时100-15=85μs,初值=255-85=0xaa */
    GIE = 1;                             //开总中断
}


// * * * * * * * * * * * * * * * * * * * * * * * * * * * * * * * * * * * *
//名称:中断服务子程序
// * * * * * * * * * * * * * * * * * * * * * * * * * * * * * * * * * * * *
void interrupt  ISR(void)
{
```

```
    if(RCIF==1)                        //接收到数据产生中断
    {
    ch_485 = RCREG;                    //读取 UART 缓冲区数据
    }
    if(TMR0IF==1)
    {
        TMR0 = 0xAA;          //每 100μs 中断一次对 TMR0 写入一个调整值
        T0IF = 0;             //清 timer0 中断标志
        temp1++;             //中断次数加 1
        if(temp1>9999)        //中断 10000 次后,为 1s
        {
            temp1 = 0;        //中断次数清 0
            flag_1s = 1;
            LED1 = 0; LED2 = 0;
            count11++;
            if (count11>3)
            {
                count11 = 0;
                LED1 = 1; LED2 = 1;
            }
        }
    }
}


// * * * * * * * * * * * * * * * * * * * * * * * * * * * * * * * * * * * * * * * *
//名称: 主函数
// * * * * * * * * * * * * * * * * * * * * * * * * * * * * * * * * * * * * * * * *
void main(void)
{
    __CONFIG(XT & WDTEN & PWRTEN & BOREN & LVPDIS & PROTECT);
    //配置,设置为晶振 XT 方式振荡,禁看门狗
IO_init();              //IO 初始化
init_com( ) ;           //初始化串口
    timer0_init();       //定时器 0 初始化
    data_filter_10();    //采集 10 次温度、湿度和空气质量数据并做平均滤波
    LED1 = 1; LED2 = 1;
    RE_485 = 0;          //设置 485 为接收模式
    while(1)
    {
     if (OERR==1)
     {
    CREN = 0;
    asm("NOP");
```

```
    CREN = 1;
    }
   if(ch_485 == 0xaa)
   //判断485接收到的握手数据是否正确,正确则上传传感器数据
    {
     ch_485 = 0;
     Sendback_485_jh2();
    }
   else
 {
     if (flag_1s == 1)
     {
     flag_1s = 0;
     data_filter_10();
     }                  //采集10次温度、湿度和空气质量数据并做平均滤波
    }
   RE_485 = 0;          //设置485为接收模式
    }
}
```

3.6 小   结

本章首先通过一个非常简单的数字温度显示报警器设计实例,详细讲述利用 MCS51 单片机进行设计开发与实现的基本过程,包括器件选择、电路原理图设计、详细源代码及其说明、编译调试与实现过程,引导初学者体验小型电子产品设计的基本方法,最后给出一个实际的智能环境控制器工程应用案例源代码,加深对基于微控制器的电子系统设计的认识。

第4章 基于 FPGA 的以太网数据传输系统设计

AD 采集是进行数字信号处理的首要步骤,数字化信号经过数字信号处理以后还需要通过 DA 转换器转换成模拟信号进行输出。在进行数字信号处理的过程中,数据免不了在不同的系统或者模块之间进行传输。数据的传输是数字信号处理系统非常重要的一部分,常见的传输协议有 UART、IIC、SPI 等。这些通信协议适用于数据传输速率较低的场合。在数据需要高速传输的场合,以太网通信协议经常被采用。以太网(Ethernet)是现有局域网采用的最通用的通信协议标准,该标准定义了在局域网中采用的电缆类型和信号处理方法。以太网凭借其成本低、通信速率高、抗干扰性强等优点被广泛应用于网络远程监控、交换机、工业自动化等对通信速率要求较高的场合。本章介绍使用 ADC、DAC 芯片以及 UDP 传输协议在两片 FPGA 之间进行数据传输的设计实例,采用 Verilog 语言进行设计实现。

4.1 设 计 要 求

本章实现如图 4-1 所示的数据传输系统。该系统中,ADC 芯片采集信号发生器产生的 0.5MHz 的正弦信号,并将采集到的数据送到 FPGA 中进行处理;FPGA 将数据通过 UDP 协议送到 PHY 芯片,通过网口发送出去;接收部分的 PHY 芯片接收数据送给 FPGA 芯片,数据在 FPGA 中处理以后通过 DAC 芯片转换为模拟信号输出;通过示波器观察 DA 输出的波形。

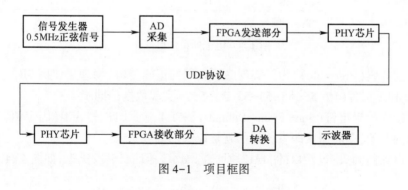

图 4-1 项目框图

4.2 基 本 原 理

4.2.1 FIFO 存储器

在本设计中,ADC 芯片采集到的数据首先通过一个 FIFO 存储器进行缓存,然后才将数据处理成符合 UDP 协议标准的数据包发送出去。数据缓存的示意图如图 4-2 所示。

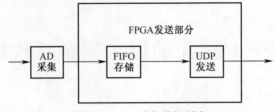

图 4-2　AD 采集数据缓存

　　FIFO（First Input First Output）存储器，即先入先出存储器，主要用于数据缓存和异步处理，其本质是一个 RAM。它与普通存储器的区别是没有外部读/写地址线，只能顺序写入数据，顺序输出数据，其数据地址由内部读/写指针自动加 1 完成，不能像普通存储器那样可以由地址线决定读取或写入某个指定地址。FIFO 的具体使用将在本章的 4.4.2 节介绍。

4.2.2　UDP 协议

　　UDP（User Datagram Protocol）协议，即用户数据报协议。UDP 只提供一种基本的、低延迟的被称为数据报的通信。所谓数据报，就是一种自带寻址信息，从发送端走到接收端的数据包。UDP 协议经常用于图像传输、网络监控数据交换等数据传输速度要求比较高的场合。

　　1. 以太网包数据格式

　　数据按照 UDP 协议传输时，按照如图 4-3 所示的格式进行打包。

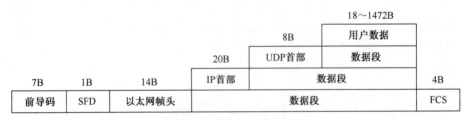

图 4-3　以太网包数据格式

　　（1）前导码（Preamble）：为了实现底层数据的正确传输，物理层使用 7B（字节，Byte）同步码（0 和 1 交替（55-55-55-55-55-55-55））实现数据的同步。

　　（2）帧起始界定符（Start Frame Delimiter，SFD）：使用 1B 的 SFD（固定值为 0xd5）来表示一帧的开始，即后面紧跟着传输的就是以太网的帧头。

　　（3）以太网帧头：包括目的 MAC 地址、源 MAC 地址、长度/类型，如图 4-4 所示。

图 4-4　以太网帧头格式

　　① 目的 MAC 地址：即接收端物理 MAC 地址，占用 6B。

　　② 源 MAC 地址：即发送端物理 MAC 地址，占用 6B。

③ 长度/类型:图 4-4 中的长度/类型具有两个意义,当这 2B 的值小于 1536(十六进制为 0x0600)时,代表该以太网中数据段的长度;如果这 2B 的值大于 1536,则表示该以太网中的数据属于某个上层协议,例如 0x0800 代表 IP 协议(网际协议)、0x0806 代表 ARP协议(地址解析协议)等。

(4) 数据:以太网中的数据段长度最小 46B,最大 1500B。最大值 1500,称为以太网的最大传输单元(Maximum Transmission Unit,MTU),最大传输单元是由各种综合因素决定的。为了避免增加额外的配置,通常以太网的有效数据字段小于 1500B。

(5) 帧检验序列(Frame Check Sequence,FCS):为了确保数据的正确传输,在数据的尾部加入了 4B 的循环冗余校验码(CRC 校验)来检测数据是否传输错误。CRC 数据校验从以太网帧头开始,即不包含前导码和帧起始界定符。

2. IP 数据报首部

数据段的 IP 数据报首部格式如图 4-5 所示。

图 4-5　IP 数据报首部

报文头的前 20B 是固定的,后面的可变。具体包含内容如下:

(1) 版本:占 4b(位,bit),指 IP 协议的版本,目前的 IP 协议版本号为 4(即 IPv4)。

(2) 首部长度:占 4b,可表示的最大数值是 15 个单位(一个单位为 4B),因此 IP 的首部长度的最大值是 60B。

(3) 区分服务:占 8b,用来获得更好的服务,在旧标准中叫做服务类型,但实际上一直未被使用过。1998 年这个字段改名为区分服务。只有在使用区分服务(DiffServ)时,这个字段才起作用。一般的情况下都不使用这个字段。

(4) 总长度:占 16b,指首部和数据之和的长度,单位为 B,因此数据报的最大长度为65535B。总长度必须不超过最大传送单元 MTU。尽管理论上可以传输长达 65535B 的 IP数据报,但实际上还要考虑网络的最大承载能力等因素。

(5) 标识:占 16b,它是一个计数器,用来产生数据报的标识。

(6) 标志(flag):占 3b,目前只有前 2b 有意义。

① MF:标志字段的最低位是 MF(More Fragment)。MF = 1 表示后面"还有分片",MF = 0 表示最后一个分片。

② DF:标志字段中间的一位是 DF(Don't Fragment),只有当 DF = 0 时才允许分片。

(7) 片偏移:占 12b,指较长的分组在分片后某片在原分组中的相对位置。片偏移以8B 为偏移单位。

（8）生存时间：占 8b，记为 TTL(Time To Live)，数据报在网络中可通过的路由器数的最大值，TTL 字段是由发送端初始设置一个 8b 字段。推荐的初始值由分配数字 RFC 指定，当前值为 64。发送 ICMP 回显应答时经常把 TTL 设为最大值 255。

（9）协议：占 8b，指出此数据报携带的数据使用何种协议，以便目的主机的 IP 层将数据部分上交给哪个处理过程，1 表示 ICMP 协议，2 表示 IGMP 协议，6 表示 TCP 协议，17 表示 UDP 协议。

（10）首部检验和：占 16b，只检验数据报的首部，不检验数据部分。这里不采用 CRC 检验码而采用简单的计算方法。

（11）源地址和目的地址：都各占 4B，分别记录源地址和目的地址。

3. UDP 首部格式

UDP 协议的首部格式如图 4-6 所示。

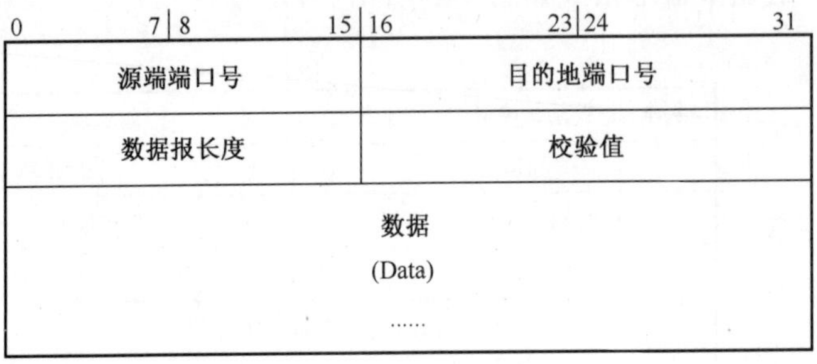

图 4-6　UDP 首部格式

UDP 报头由 4 个域组成，其中每个域各占用 2B，具体含义如下：

1）源端端口号与目的地端口号

UDP 协议使用端口号为不同的应用保留其各自的数据传输通道。数据发送方将 UDP 数据报通过源端口发送出去，而数据接收方则通过目标端口接收数据。

2）数据报长度

数据报的长度是指包括报头和数据部分在内的总字节数。因为报头的长度是固定的，所以该域主要被用来计算可变长度的数据部分（又称为数据负载）。数据报的最大长度根据操作环境的不同而各异。理论上，包含报头在内的数据报的最大长度为 65535B，但实际上还要考虑网络的最大承载能力等因素。

3）校验值

UDP 协议使用报头中的校验值保证数据的安全。校验值首先在数据发送方通过特殊的算法计算得出，在传递到接收方之后，还需要重新计算。如果某个数据报在传输过程中被第三方篡改或者由于线路噪声等原因受到损坏，发送和接收方的校验计算值将不会相符，由此 UDP 协议可以检测是否出错。虽然 UDP 提供有错误检测，但检测到错误时，错误校正，只是简单地把损坏的消息段扔掉，或者给应用程序提供警告信息。

4.3　设 计 方 案

设计方案包括发送部分和接收部分。

4.3.1 发送部分

发送部分结构框图如图 4-7 所示。

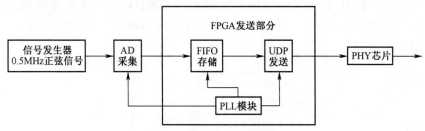

图 4-7 发送部分结构框图

由图 4-7 可知,发送部分主要由三个模块组成:FIFO 存储模块、PLL 模块和 UDP 发送模块。FIFO 用以缓存 AD 采集模块送来的数据;UDP 发送模块用来将 FIFO 中的数据按照 UDP 协议打包送给 PHY 芯片(UDP 发送模块中除了实现 UDP 协议以外,还包含 CRC 检验模块),PHY 芯片将数据通过网线送出去;PLL 模块用来产生设计所要用到的时钟。

4.3.2 接收部分

接收部分结构框图如图 4-8 所示。

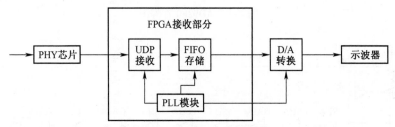

图 4-8 接收部分结构框图

由图 4-8 可知,接收部分主要由三个模块组成:FIFO 存储模块、PLL 模块和 UDP 接收模块。UDP 接收模块用来将 PHY 芯片送来的数据按照 UDP 协议分离出来送到 FIFO;FIFO 用以缓存 UDP 接收模块分离出的数据并将缓存的数据送给 DAC 芯片;PLL 模块用来产生设计所要用到的时钟。

4.4 设 计 实 现

4.4.1 硬件设计

本设计借助芯骥电子公司(上海)有限公司推出的 AX545 FPGA 开发板与 AN108 高速 AD/DA 采集板实现。FPGA 芯片型号为 XC6SLX45-2CSG324,属于 Xilinx 公司 Spartan-6 系列中的产品。本节将介绍设计中用到的 ADC、DAC 以及 PHY 芯片。关于 FPGA 芯片更加详细的资料,读者可访问 Xilinx 公司官网查询相应芯片的数据手册。

1. 模数转换芯片 AD9280

模数转换芯片负责将信号源产生的正弦波信号转换为数字信号,以便 FPGA 进行下一步处理。本设计中采用的转换芯片是 AD9280。AD9280 是 ADI 公司推出的一种模数转换芯片,采样位数为 8b,最大采样速率为 32MS/s。其管脚图如图 4-9 所示,芯片内部结构如图 4-10 所示。其中,CLK(芯片时钟)与 D7~D0(芯片数据输出端口)需要与 FPGA 相连。

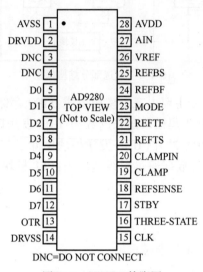

图 4-9　AD9280 管脚图

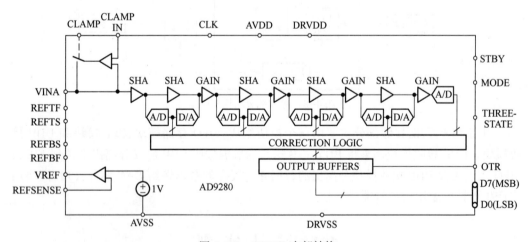

图 4-10　AD9280 内部结构

AD9280 芯片在 AN108 采集板上的原理图如图 4-11 所示。

2. 数模转换芯片 AD9708

数模转换芯片的功能是将经过 FPGA 处理的数据重新转换成模拟信号输出,本设计中采用的数模转换芯片是 AD9708。AD9708 是 ADI 公司推出的一种数模转换芯片,数据宽度为 8b,最大采样速率为 125MS/s,管脚图如图 4-12 所示,芯片内部结构如图 4-13 所示。其中,CLK(芯片时钟)与 DB7~DB0(芯片数据输入端口)需要与 FPGA 相连。

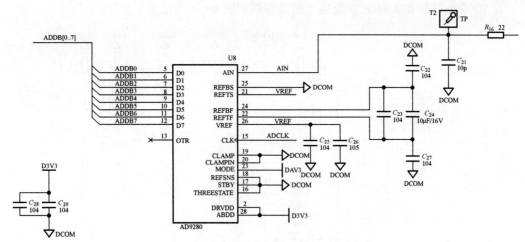

图 4-11　AD9280 在 AN108 采集板上的原理图

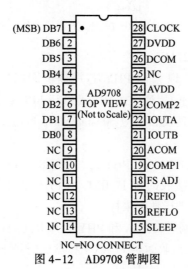

图 4-12　AD9708 管脚图

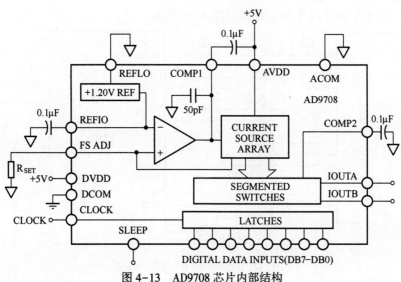

图 4-13　AD9708 芯片内部结构

AD9708 芯片在 AN108 采集板上的原理图如图 4-14 所示。

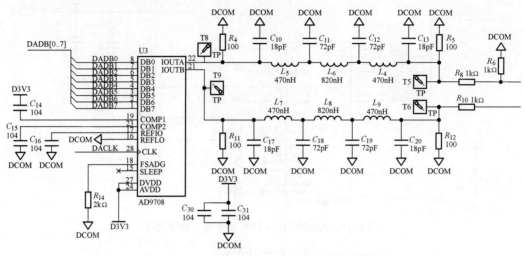

图 4-14 AD9708 在 AN108 模块上的原理图

3. 千兆 PHY 芯片 RTL8211E

通过 Realtek RTL8211EG 以太网 PHY 芯片提供网络接口。RTL8211EG 芯片支持 10/100/1000Mb/s 网络传输速率,通过 GMII 接口与 FPGA 进行数据通信。RTL8211EG 支持 MDI/MDX 自适应,各种速度自适应,Master/Slave 自适应,支持 MDIO 总线进行 PHY 的寄存器管理。

当连接到千兆以太网时,FPGA 和 PHY 芯片 RTL8211EG 的数据传输通过 GMII 总线完成,传输时钟为 125MHz。接收时钟 E_RXC 由 PHY 芯片提供,发送时钟 E_GTXC 由 FPGA 提供,在时钟的上升沿进行数据采样。

当网络连接到百兆以太网时,FPGA 和 PHY 芯片 RTL8211EG 的数据传输通过 MII 总线完成,传输时钟为 25MHz。接收时钟 E_RXC 和发送时钟 E_TXC 都由 PHY 芯片提供,在时钟的上升沿进行数据采样。

FPGA 与 PHY 芯片的连接示意图如图 4-15 所示。

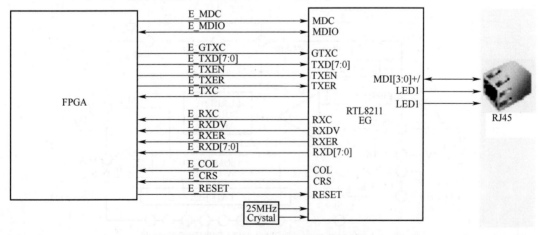

图 4-15 FPGA 与 PHY 芯片的连接

4.4.2　Verilog 代码设计

　　Verilog 代码设计包括发送和接收两部分,两部分均在 ISE14.7 环境下开发,并且都用到了 Xilinx 提供的 FIFO 与 PLL IP 核。本小节将分别介绍发送与接收部分的代码设计、IP 核参数设置。

　　1. 发送部分

　　1) 顶层代码

　　顶层例化了 FIFO、PLL、chipscope_icon 以及 chipscope_ila 等 IP 核,同时还例化了 UDP 协议发送模块 ipsend_inst 与 CRC 校验模块 crc_inst,此外还对一些内部信号做了逻辑设计,详见代码注释。需要注意的是,对于 Spartan-6 器件,PLL 产生的时钟不能直接连到 FPGA 的通用 I/O 上,需要调用 ODDR2。顶层源代码如下:

```verilog
'timescale 1ns /1ps
/////////////////////////////////////////////////////////////////////
//Module Name:    ad_udp_tx
//Description:千兆以太网传输数据发送顶层模块
/////////////////////////////////////////////////////////////////////
module ad_udp_tx(
    clk,          //FPGA 运行时钟
    rst_n,        //FPGA 复位端口
    ad_in,        //ad 数据采集输入端,也是 FIFO 的写数据输入
    ad_clk,       //ad 时钟

    e_reset,      //phy 芯片的复位时钟,赋值为 1
    udp_sp_clk,   //udp 发送时钟,由 FPGA 产生,也是 FIFO 的读时钟,125MHz
    udp_spend,    //udp 发送的数据,也就是 FIFO 的读数据
    txen,         //GMII 发送数据有效信号
    txer          //GMII 发送数据错误信号
);
/////////////////////////////////////////////////////////////////////
input clk;
input rst_n;
input  [7:0] ad_in;
output ad_clk;
output e_reset;
output udp_sp_clk;
output [7:0] udp_spend;
output txen;      //GMII 发送数据有效信号
output txer;      //GMII 发送数据错误信号
/////////////////////////////////////////////////////////////////////

assign e_reset = 1'b1;
```

```
/////////////////////////////////
wire     ad_clk_o;
wire     wr_clk;
wire     chipscope_clk;
/////////////////////////////////
reg        wr_en;
reg        rd_en;
wire [ 7:0] udp_spend_fifo;
wire        empty;
wire [10:0] rd_data_count;
wire [10:0] wr_data_count;
/////////////////////////////////
wire [31:0] crc32;
wire        crcen;
wire     crcreset;
wire [ 3:0]tx_state;
reg  [10:0] tx_total_length;
reg  [ 9:0] tx_data_length;
reg        spend_en;
/////////////////////////////////
wire [31:0] crcnext;
/////////////////////////////////
wire [35:0] CONTROL0;
wire[255:0] TRIG0.;
/////////////////////////////////
reg  [ 3:0] cnt;
wire        add_cnt;
wire        end_cnt;
/////////////////////////////////

my_pll my_pll_inst
   (//Clock in ports
   .clk(clk),                          // IN
   //Clock out ports
   .ad_clk(ad_clk_o),                  // OUT
   .wr_clk(wr_clk),                    // OUT
   .chipscope_clk(chipscope_clk),      // OUT
   .udp_sp_clk(udp_sp_clk_o),          // OUT
   //Status and control signals
   .rst_n(~rst_n));                    // IN

my_fifo my_fifo_inst (
   .rst(~rst_n),                       // input rst
```

```
    .wr_clk(wr_clk),                        // input wr_clk
    .rd_clk(udp_sp_clk_o),                  // input rd_clk
    .din(ad_in),                            // input [7 : 0] din
    .wr_en(wr_en),                          // input wr_en
    .rd_en(rd_en),                          // input rd_en
    .dout(udp_spend_fifo),                  // output [7 : 0] dout
    .full(),                                // output full
    .empty(empty),                          // output empty
    .rd_data_count(rd_data_count),          // output [10 : 0] rd_data_count
    .wr_data_count(wr_data_count)           // output [10 : 0] wr_data_count
);

ipsend ipspend_inst (
    .clk(udp_sp_clk_o),                     //GMII 发送的时钟信号,125MHz
    .txen(txen),                            //GMII 数据使能信号
    .txer(txer),                            //GMII 发送错误信号
    .dataout(udp_spend),                    //GMII 发送数据 [7:0]
    .crc(crc32),                            //CRC32 校验码[31:0]
    .datain(udp_spend_fifo),                //fifo 中的数据[7:0]
    .crcen(crcen),                          //CRC32 校验使能
    .crcre(crcreset),                       //CRC32 校验清除
    .tx_state(tx_state),                    //发送状态机[3:0]
    .tx_data_length(tx_data_length),        //发送的数据包的长度[15:0]
    .tx_total_length(tx_total_length),      //发送包的长度[15:0]
    .spend_en(spend_en)                     //发送使能
    );

crccrc_inst(
    .Clk(udp_sp_clk_o),                     //时钟,与 GMII 发送时钟相同,125MHz
    .Reset(crcreset),                       //复位信号
    .Enable(crcen),                         //使能信号
    .Data_in(udp_spend),                    //要校验的数据
    .Crc(crc32),                            //校验结果
    .CrcNext(crcnext));

/////////////////////////发送字节数设置(总字节数,数据字节数) //////////////
always  @ (posedge udp_sp_clk_o or negedge rst_n)begin
    if(rst_n==1'b0)begin
        tx_data_length<=10'd1008;
    end
end
always  @ (posedge udp_sp_clk_o or negedge rst_n)begin
    if(rst_n==1'b0)begin
```

```
            tx_total_length<=11'd1028;
        end
end


///////////////////////////////发送使能的设置//////////////////////////
always   @ (posedge udp_sp_clk_o or negedge rst_n)begin
    if(rst_n==1'b0)begin
        spend_en<=1'b0;
    end
    else if (rd_data_count==10'd1000)begin
        spend_en<=1'b1;
    end
    else begin
        spend_en<=1'b0;
    end
end


/////////////////////////写入使能设置/////////////////////////
always @ (posedge wr_clk or negedge rst_n)begin
    if(! rst_n)begin
        cnt <= 0;
    end
    else if(add_cnt)begin
        if(end_cnt)
            cnt <= 5;
        else
            cnt <= cnt + 1;
    end
end


assign add_cnt =1 ;
assign end_cnt = add_cnt && cnt==10-1 ;


always   @ (posedge wr_clk or negedge rst_n)begin
    if(rst_n==1'b0)begin
        wr_en<=1'b0;
    end
    else if(add_cnt && cnt>=5-1&&wr_data_count<11'd2000) begin
        wr_en<=1'b1;
    end
    else begin
        wr_en<=1'b0;
    end
```

```
end

///////////////////////读出使能设置////////////////////////
always  @ (posedge udp_sp_clk_o or negedge rst_n)begin
   if(rst_n = =1'b0)begin
        rd_en<=1'b0;
   end
   else if(tx_state = =4'b0110&&empty = =0) begin//empty 为 1 时表示 FIFO 为空
        rd_en<=1'b1;
   end
   else begin
        rd_en<=1'b0;
   end
end


/////////////////调用 ODDR2 使时钟信号 ad_clk 通过普通 IO 输出/////////////////
ODDR2 #(
   .DDR_ALIGNMENT( "NONE"),        //设置输出对齐方式
   .INIT(1'b0),                    //初始化输出 Q 为 1'b0
   .SRTYPE( "SYNC")                //设置为同步方式
   ) ODDR2_ad_inst (
   .Q(ad_clk),                     //DDR 数据输出
   .C0(ad_clk_o),                  //时钟输入
   .C1(~ad_clk_o),                 //时钟输入
   .CE(1'b1),                      //时钟使能输入
   .D0(1'b1),                      //数据输入 D0(C0 相关)
   .D1(1'b0),                      //数据输入 D1(C1 相关)
   .R(1'b0),                       //复位输入置 0
   .S(1'b0)                        //设置输入置 0
      );
/////////////////////调用 ODDR2 使时钟信号 udp_sp_clk 通过普通 IO 输出/////////
ODDR2 #(
   .DDR_ALIGNMENT( "NONE"),        //设置输出对齐方式
   .INIT(1'b0),                    //初始化输出 Q 为 1'b0
   .SRTYPE( "SYNC")                //设置为同步方式
   ) ODDR2_udp_sp_clk_inst (
   .Q(udp_sp_clk),                 //DDR 数据输出
   .C0(udp_sp_clk_o),              //时钟输入
   .C1(~udp_sp_clk_o),             //时钟输入
   .CE(1'b1),                      //时钟使能输入
   .D0(1'b1),                      //数据输入 D0(C0 相关)
   .D1(1'b0),                      //数据输入 D1(C1 相关)
   .R(1'b0),                       //复位输入置 0
```

```
    .S(1'b0)                          //设置输入置 0
    );
```

```
//////////////////////////chipscope 设置//////////////////////////
chipscope_icon icon_debug (
    .CONTROL0(CONTROL0)               //输入输出总线[35:0]
);
```

```
chipscope_ila ila_filter_debug (
    .CONTROL(CONTROL0),               //输入输出总线[35:0]
    .CLK(chipscope_clk),              //时钟输入
    .TRIG0(TRIG0)
);
```

```
assign  TRIG0[7:0]=ad_in;
assign  TRIG0[15:8]=udp_spend_fifo;
assign  TRIG0[23:16]=udp_spend;
assign  TRIG0[33:24]=wr_data_count;
assign  TRIG0[43:34]=rd_data_count;
assign  TRIG0[47:44]=tx_state;
assign  TRIG0[48]=spend_en;
assign  TRIG0[49]=wr_en;
assign  TRIG0[53:50]=cnt;
```

```
endmodule
```

2) IP 核参数设置

发送部分的 FIFO 与 PLL 参数设置如下:

(1) FIFO 参数设置,如图 4-16~图 4-21 所示。

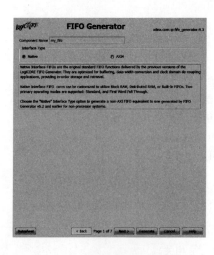

图 4-16　FIFO 参数设置(一)

图 4-17　FIFO 参数设置(二)

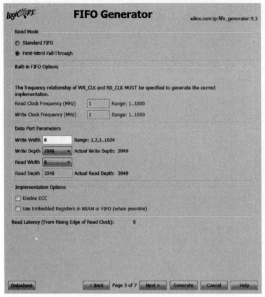

图 4-18　FIFO 参数设置(三)

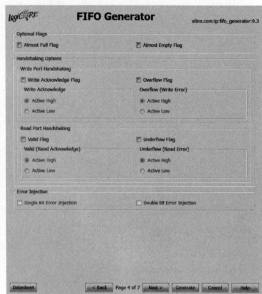

图 4-19　FIFO 参数设置(四)

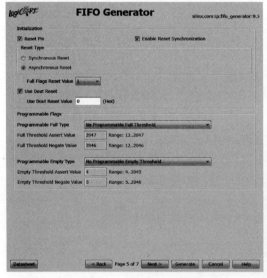

图 4-20　FIFO 参数设置(五)

图 4-21　FIFO 参数设置(六)

（2）PLL 参数设置,如图 4-22~图 4-26 所示。

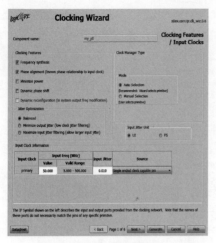

图 4-22　PLL 参数设置(一)

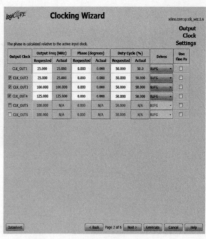

图 4-23　PLL 参数设置(二)

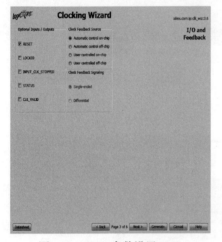

图 4-24　PLL 参数设置(三)

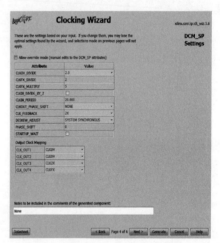

图 4-25　PLL 参数设置(四)

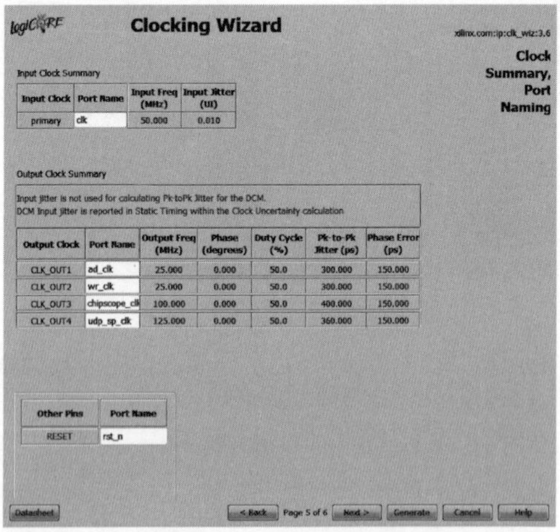

图 4-26　PLL 参数设置(五)

3) UDP 协议发送模块

ispend 模块负责将数据转换为符合 UDP 协议的数据包。源代码如下：

```verilog
`timescale 1ns /1ps
/* * * * * * * * * * * * * * * * * * * * * * * * * * * * * * * * * * */
//      GMII UDP 数据包发送模块
/* * * * * * * * * * * * * * * * * * * * * * * * * * * * * * * * * * */
module ipsend(
  input             clk,            //GMII 发送的时钟信号
  output reg        txen,           //GMII 数据使能信号
  output reg        txer,           //GMII 发送错误信号
  output reg [ 7:0] dataout,        //GMII 发送数据
  input      [31:0] crc,            //CRC32 校验码
  input      [ 7:0] datain,         //fifo 中的数据
  output reg        crcen,          //CRC32 校验使能
  output reg        crcre,          //CRC32 校验清除
  output reg [ 3:0] tx_state,       //发送状态机
  input      [15:0] tx_data_length, //发送的数据包的长度
  input      [15:0] tx_total_length,//发送包的长度
  input             spend_en
);
///////////////////////////////////////////////////////////////
reg [ 7:0] datain_reg;
reg [31:0] ip_header [6:0];
reg [ 7:0] preamble [7:0];                //前导码
reg [ 7:0] mac_addr [13:0];               //MAC 地址
reg [ 4:0] i,j;
reg [31:0] check_buffer;
reg [31:0] time_counter;
reg [15:0] tx_data_counter;
///////////////////////////////////////////////////////////////
parameter idle = 4'b0000,start = 4'b0001,make = 4'b0010,send55 = 4'b0011,
sendmac = 4'b0100,sendheader = 4'b0101,senddata = 4'b0110,sendcrc = 4'b0111;
///////////////////////////////////////////////////////////////
initial
  begin
  tx_state<=idle;
  //定义 IP 包头
  preamble[0]<=8'h55;                      //7 个前导码 55,一个帧开始符 d5
  preamble[1]<=8'h55;
  preamble[2]<=8'h55;
  preamble[3]<=8'h55;
  preamble[4]<=8'h55;
  preamble[5]<=8'h55;
```

```
    preamble[6]<=8'h55;
    preamble[7]<=8'hD5;
    mac_addr[0]<=8'hff;                    //目的 MAC 地址 ff-ff-ff-ff-ff-ff,全 ff 为广播包
    mac_addr[1]<=8'hff;
    mac_addr[2]<=8'hff;
    mac_addr[3]<=8'hff;
    mac_addr[4]<=8'hff;
    mac_addr[5]<=8'hff;
    mac_addr[6]<=8'h00;                    //默认源 MAC 地址 00-0A-35-01-FE-C0,用户可修改
    mac_addr[7]<=8'h0A;
    mac_addr[8]<=8'h35;
    mac_addr[9]<=8'h01;
    mac_addr[10]<=8'hFE;
    mac_addr[11]<=8'hC0;
    mac_addr[12]<=8'h08;                   //0800:IP 包类型
    mac_addr[13]<=8'h00;
    i<=0;
end


////////////////////////////////UDP 数据发送程序//////////////////////////////////
always@ (negedge clk)
begin
  case(tx_state)
  idle:begin
    txer<=1'b0;
    txen<=1'b0;
    crcen<=1'b0;
    crcre<=1;
    j<=0;
    dataout<=0;
    tx_data_counter<=0;
    if (spend_en==1) begin//发送使能信号
    tx_state<=start;
    end
end


start:begin          //IP 包头
    ip_header[0]<={16'h4500,tx_total_length};//版本号:4;包头长度:20;IP 包总长
    ip_header[1][31:16]<=ip_header[1][31:16]+1'b1;//包序列号,16b,最大为 65535
    ip_header[1][15:0]<=16'h4000;           //片偏移
    ip_header[2]<=32'h80110000;             //协议:17(UDP)
    ip_header[3]<=32'hc0a80002;             //192.168.0.2 源地址
    ip_header[4]<=32'hc0a80003;             //192.168.0.3 目的地址广播地址
```

```verilog
    //省略了 IP 数据包的可变部分
    ip_header[5]<=32'h1f901f90;
    //2B 的源端口号和 2B 的目的端口号,8080,8080
    ip_header[6]<={tx_data_length,16'h0000};
    //2B 的数据长度和 2B 的校验和(无)
tx_state<=make;
        end
        make:begin              //生成包头的校验和,IP 数据报首部的校验和
            if(i==0) begin
        check_buffer<=ip_header[0][15:0]+ip_header[0][31:16]+ip_header[1]
        [15:0]+ip_header[1][31:16]+ip_header[2][15:0]+ip_header[2][31:16]+ip_
        header[3][15:0]+ip_header[3][31:16]+ip_header[4][15:0]+ip_header[4]
        [31:16];
                i<=i+1'b1;
            end
            else if(i==1) begin
                    check_buffer[15:0]<=check_buffer[31:16]+check_buffer[15:0];
                    i<=i+1'b1;
            end
            else begin
                ip_header[2][15:0]<=~check_buffer[15:0];    //首部校验和
                i<=0;
                tx_state<=send55;
            end
    end
    send55: begin               //发送 8 个 IP 前导码:7 个 55,1 个 d5,此处才开始发送
    txen<=1'b1;                 //GMII 数据发送有效
    crcre<=1'b1;                //复位 CRC
    if(i==7) begin
      dataout[7:0]<=preamble[i][7:0];
      i<=0;
      tx_state<=sendmac;
    end
    else begin
        dataout[7:0]<=preamble[i][7:0];
        i<=i+1;
    end
end
sendmac: begin          //发送目标 MAC 地址、源 MAC 地址和 IP 包类型
    crcen<=1'b1;    //CRC 校验使能,crc32 数据校验从目标 MAC 开始
    crcre<=1'b0;
    if(i==13) begin
      dataout[7:0]<=mac_addr[i][7:0];
```

```
            i<=0;
        tx_state<=sendheader;
        end
        else begin
            dataout[7:0]<=mac_addr[i][7:0];
            i<=i+1'b1;
        end
    end
end
sendheader: begin              //发送 7 个 32b 的 IP 包头
    datain_reg<=datain;        //准备需要发送的数据
    if(j==6) begin             //发送 ip_header[6]
        if(i==0) begin
          dataout[7:0]<=ip_header[j][31:24];
           i<=i+1'b1;
        end
        else if(i==1) begin
            dataout[7:0]<=ip_header[j][23:16];
            i<=i+1'b1;
        end
        else if(i==2) begin
            dataout[7:0]<=ip_header[j][15:8];
            i<=i+1'b1;
        end
        else if(i==3) begin
            dataout[7:0]<=ip_header[j][7:0];
            i<=0;
            j<=0;
            tx_state<=senddata;
        end
        else
            txer<=1'b1;
    end
    else begin        //发送 ip_header[0]~ip_header[5]
            if(i==0) begin
                dataout[7:0]<=ip_header[j][31:24];
                i<=i+1'b1;
            end
            else if(i==1) begin
                dataout[7:0]<=ip_header[j][23:16];
                i<=i+1'b1;
            end
            else if(i==2) begin
                dataout[7:0]<=ip_header[j][15:8];
```

```
                          i<=i+1'b1;
                end
                else if(i==3) begin
                        dataout[7:0]<=ip_header[j][7:0];
                        i<=0;
                        j<=j+1'b1;
                    end
                    else
                        txer<=1'b1;
                end
        end
senddata:begin        //发送 UDP 数据包,用户数据
    if(tx_data_counter==tx_data_length-9) begin    /* 判断是否是发送最后的数据
(真正的数据包长度是 tx_data_length-8),所以倒数第二个是 tx_data_length-9
    tx_state<=sendcrc;        //发送最后一个字节,状态转到 sendcrc
    dataout<=datain_reg;
    datain_reg<=datain;        //提前准备数据
    end
    else begin                //发送其他的数据包(第一个字节到倒数第二个字节)
        tx_data_counter<=tx_data_counter+1'b1;
        dataout<=datain_reg;    //发送低 8b(7:0)数据
        datain_reg<=datain;    //准备数据
    end
end
    sendcrc: begin            //发送 32b 的 CRC 校验
        crcen<=1'b0;
        if(i==0)begin
dataout[7:0]<={~crc[24], ~crc[25], ~crc[26], ~crc[27], ~crc[28], ~crc[29],
~crc[30], ~crc[31]};
            i<=i+1'b1;
        end
        else begin
        if(i==1) begin
dataout[7:0]<={~crc[16], ~crc[17], ~crc[18], ~crc[19], ~crc[20], ~crc[21], ~
crc[22], ~crc[23]};
            i<=i+1'b1;
        end
        else if(i==2) begin
dataout[7:0]<={~crc[8], ~crc[9], ~crc[10], ~crc[11], ~crc[12], ~crc[13], ~
crc[14], ~crc[15]};
            i<=i+1'b1;
        end
        else if(i==3) begin
```

```
dataout[7:0]<={~crc[0], ~crc[1], ~crc[2], ~crc[3], ~crc[4], ~crc[5], ~crc
[6], ~crc[7]};
            i<=0;
        tx_state<=idle;
        end
        else begin
            txer<=1'b1;
        end
        end
    end
        default:tx_state<=idle;
        endcase
    end
    endmodule
```

4) CRC 校验模块

CRC 校验模块源代码如下:

```
'timescale 1ns /1ps
module crc (Clk, Reset, Data_in, Enable, Crc,CrcNext);
///////////////////////////////////////////////////////////////////////////
parameter Tp = 1;
///////////////////////////////////////////////////////////////////////////
input Clk;
input Reset;
input  [7:0]  Data_in;
input Enable;
output [31:0] Crc;
reg    [31:0] Crc;
output [31:0] CrcNext;
wire   [7:0] Data;
///////////////////////////////////////////////////////////////////////////
assign Data={Data_in[0],Data_in[1],Data_in[2],Data_in[3],Data_in[4],Data_in
[5],Data_in[6],Data_in[7]};
///////////////////////////////////////////////////////////////////////////
assign CrcNext[0] = Crc[24] ^Crc[30] ^Data[0] ^Data[6];
assign CrcNext[1] = Crc[24] ^Crc[25] ^Crc[30] ^Crc[31] ^Data[0] ^Data[1] ^Data
[6] ^Data[7];
assign CrcNext[2] = Crc[24] ^Crc[25] ^Crc[26] ^Crc[30] ^Crc[31] ^Data[0] ^Data
[1] ^Data[2] ^Data[6] ^Data[7];
assign CrcNext[3] = Crc[25] ^Crc[26] ^Crc[27] ^Crc[31] ^Data[1] ^Data[2] ^Data
[3] ^Data[7];
assign CrcNext[4] = Crc[24] ^Crc[26] ^Crc[27] ^Crc[28] ^Crc[30] ^Data[0] ^Data
[2] ^Data[3] ^Data[4] ^Data[6];
assign CrcNext[5] = Crc[24] ^Crc[25] ^Crc[27] ^Crc[28] ^Crc[29] ^Crc[30] ^Crc
```

```verilog
[31] ^Data[0] ^Data[1] ^Data[3] ^Data[4] ^Data[5] ^Data[6] ^Data[7];
assign CrcNext[6] = Crc[25] ^Crc[26] ^Crc[28] ^Crc[29] ^Crc[30] ^Crc[31] ^Data
[1] ^Data[2] ^Data[4] ^Data[5] ^Data[6] ^Data[7];
assign CrcNext[7] = Crc[24] ^Crc[26] ^Crc[27] ^Crc[29] ^Crc[31] ^Data[0] ^Data
[2] ^Data[3] ^Data[5] ^Data[7];
assign CrcNext[8] = Crc[0] ^Crc[24] ^Crc[25] ^Crc[27] ^Crc[28] ^Data[0] ^Data
[1] ^Data[3]^Data[4];
assign CrcNext[9] = Crc[1] ^Crc[25] ^Crc[26] ^Crc[28] ^Crc[29] ^Data[1] ^Data
[2] ^Data[4] ^Data[5];
assign CrcNext[10] = Crc[2] ^Crc[24] ^Crc[26] ^Crc[27] ^Crc[29] ^Data[0] ^Data
[2] ^Data[3] ^Data[5];
assign CrcNext[11] = Crc[3] ^Crc[24] ^Crc[25] ^Crc[27] ^Crc[28] ^Data[0] ^Data
[1] ^Data[3] ^Data[4];
assign CrcNext[12] = Crc[4] ^Crc[24] ^Crc[25] ^Crc[26] ^Crc[28] ^Crc[29] ^Crc
[30] ^Data[0] ^Data[1] ^Data[2] ^Data[4] ^Data[5] ^Data[6];
assign CrcNext[13] = Crc[5] ^Crc[25] ^Crc[26] ^Crc[27] ^Crc[29] ^Crc[30] ^Crc
[31] ^Data[1] ^Data[2] ^Data[3] ^Data[5] ^Data[6] ^Data[7];
assign CrcNext[14] = Crc[6] ^Crc[26] ^Crc[27] ^Crc[28] ^Crc[30] ^Crc[31] ^Data
[2] ^Data[3] ^Data[4] ^Data[6] ^Data[7];
assign CrcNext[15] =  Crc[7] ^Crc[27] ^Crc[28] ^Crc[29] ^Crc[31] ^Data[3] ^Data
[4] ^Data[5] ^Data[7];
assign CrcNext[16] = Crc[8] ^Crc[24] ^Crc[28] ^Crc[29] ^Data[0] ^Data[4] ^Data
[5];
assign CrcNext[17] = Crc[9] ^Crc[25] ^Crc[29] ^Crc[30] ^Data[1] ^Data[5] ^Data
[6];
assign CrcNext[18] = Crc[10] ^Crc[26] ^Crc[30] ^Crc[31] ^Data[2] ^Data[6] ^Data
[7];
assign CrcNext[19] = Crc[11] ^Crc[27] ^Crc[31] ^Data[3] ^Data[7];
assign CrcNext[20] = Crc[12] ^Crc[28] ^Data[4];
assign CrcNext[21] = Crc[13] ^Crc[29] ^Data[5];
assign CrcNext[22] = Crc[14] ^Crc[24] ^Data[0];
assign CrcNext[23] = Crc[15] ^Crc[24] ^Crc[25] ^Crc[30] ^Data[0] ^Data[1] ^Data
[6];
assign CrcNext[24] = Crc[16] ^Crc[25] ^Crc[26] ^Crc[31] ^Data[1] ^Data[2] ^Data
[7];
assign CrcNext[25] = Crc[17] ^Crc[26] ^Crc[27] ^Data[2] ^Data[3];
assign CrcNext[26] = Crc[18] ^Crc[24] ^Crc[27] ^Crc[28] ^Crc[30] ^Data[0] ^Data
[3] ^Data[4] ^Data[6];
assign CrcNext[27] = Crc[19] ^Crc[25] ^Crc[28] ^Crc[29] ^Crc[31] ^Data[1] ^Data
[4] ^Data[5] ^Data[7];
assign CrcNext[28] = Crc[20] ^Crc[26] ^Crc[29] ^Crc[30] ^Data[2] ^Data[5] ^Data
[6];
assign CrcNext[29] = Crc[21] ^Crc[27] ^Crc[30] ^Crc[31] ^Data[3] ^Data[6] ^Data
```

```
[7];
assign CrcNext[30] = Crc[22] ^Crc[28] ^Crc[31] ^Data[4] ^Data[7];
assign CrcNext[31] = Crc[23] ^Crc[29] ^Data[5];


//////////////////////////////////////////////////////////////////////
always @ (posedge Clk, posedge Reset)
  begin
    if (Reset) begin
      Crc <={32{1'b1}};
    end
    else if (Enable)
      Crc <=CrcNext;
    end
  endmodule
```

5) UCF 文件

UCF 文件定义如下：

```
Net clk LOC = V10 |TNM_NET = sys_clk_pin;
TIMESPEC TS_sys_clk_pin = PERIOD sys_clk_pin 50000 kHz;
##
NET rst_n LOC = N4 | IOSTANDARD = "LVCMOS15";
##


########Ethernet Pin define####################
NET e_reset LOC = J16 | IOSTANDARD = "LVCMOS33";##Ethernet RESET
NET udp_sp_clk LOC = L15 | IOSTANDARD = "LVCMOS33",##Ethernet GTXC
NET udp_spend<0> LOC = H16 | IOSTANDARD = "LVCMOS33";##Ethernet TXD0
NET udp_spend<1> LOC = G16 | IOSTANDARD = "LVCMOS33";## Ethernet TXD1
NET udp_spend<2> LOC = G18 | IOSTANDARD = "LVCMOS33";## Ethernet TXD2
NET udp_spend<3> LOC = J13 | IOSTANDARD = "LVCMOS33";## Ethernet TXD3
NET udp_spend<4> LOC = K14 | IOSTANDARD = "LVCMOS33";## Ethernet TXD4
NET udp_spend<5> LOC = L12 | IOSTANDARD = "LVCMOS33";## Ethernet TXD5
NET udp_spend<6> LOC = L13 | IOSTANDARD = "LVCMOS33";## Ethernet TXD6
NET udp_spend<7> LOC = K15 | IOSTANDARD = "LVCMOS33";## Ethernet TXD7
NET txen LOC = K17 | IOSTANDARD = "LVCMOS33",## Ethernet TXEN
NET txer LOC = J18 | IOSTANDARD = "LVCMOS33";## Ethernet TXER


Net udp_sp_clk TNM_NET = gtxc_clk_pin;
TIMESPEC TS_gtxc_clk_pin = PERIOD gtxc_clk_pin 8ns;


NET "udp_sp_clk"SLEW = FAST;
NET "udp_spend<? >"SLEW = FAST;
NET "txen"SLEW = FAST;
NET "txer"SLEW = FAST;
```

```
#######################AD 相关引脚#######################
NET ad_clk LOC = N9  | IOSTANDARD = "LVCMOS33";## 15 IO2_22N
NET ad_in<0> LOC = V7  | IOSTANDARD = "LVCMOS33";## 15 IO2_43N
NET ad_in<1> LOC = U7  | IOSTANDARD = "LVCMOS33";## 16 IO2_43P
NET ad_in<2> LOC = V6  | IOSTANDARD = "LVCMOS33";## 17 IO2_45N
NET ad_in<3> LOC = T6  | IOSTANDARD = "LVCMOS33";## 18 IO2_45P
NET ad_in<4> LOC = P11 | IOSTANDARD = "LVCMOS33";## 19 IO2_20N
NET ad_in<5> LOC = N10 | IOSTANDARD = "LVCMOS33";## 20 IO2_20P
NET ad_in<6> LOC = T11 | IOSTANDARD = "LVCMOS33";## 21 IO2_16N
NET ad_in<7> LOC = R11 | IOSTANDARD = "LVCMOS33";## 22 IO2_16P
```

2. 接收部分

1) 顶层代码

顶层例化了 FIFO、PLL、chipscope_icon 以及 chipscope_ila 等 IP 核,同时还例化了 UDP 协议接收模块 iprecieve_inst,此外还对一些内部信号做了逻辑设计,详见代码注释。

接收部分顶层源代码如下:

```verilog
'timescale 1ns /1ps
////////////////////////////////////////////////////////////////////////
//Module Name：   rx_udp_da
//Description：   千兆以太网数据传输接收顶层模块
////////////////////////////////////////////////////////////////////////
module rx_udp_da(
            clk,            //FPGA 工作时钟
            rst_n,          //FPGA 复位信号
            e_reset,        //PHY 芯片复位信号
            udp_rx_clk,     //PHY 芯片输入到 FPGA 的 125MHz 的接收时钟
            udp_receive,    //FPGA 接收到的 UDP 包数据
            e_rxdv,         //接收数据有效信号
            da_out,         //UDP 包里的数据
            da_clk          //DA 芯片工作时钟
    );
////////////////////////////////////////////////////////////////////////
input clk;
input rst_n;
output e_reset;
input udp_rx_clk;
input [7:0] udp_receive;
input e_rxdv;
output [7:0] da_out;
output da_clk;
////////////////////////////////////////////////////////////////////////
assign e_reset = 1'b1;
```

```
/////////////////////////////
wire da_clk_o ;
wire          chipscope_clk;
wire          rd_clk;
/////////////////////////////
wire   [ 7:0] data_o;
reg wr_en;
reg rd_en;
wire empty;
wire full;
wire [12:0] rd_data_count;
wire [12:0] wr_data_count;
/////////////////////////////
wire          valid_ip_P;
wire   [15:0] rx_total_length;
wire   [ 3:0] rx_state;
wire   [15:0] rx_data_length;
wire data_receive;
/////////////////////////////
wire   [35:0] CONTROL0;
wire   [255:0] TRIG0;
/////////////////////////////
reg    [ 3:0] cnt;
wire          add_cnt;
wire          end_cnt;
reg    [ 3:0] cnt1;
wire          add_cnt1;
wire          end_cnt1;
/////////////////////////////
my_pllmy_pll_inst
    (//Clock in ports
.clk(clk),                         //时钟输入端口
    //Clock out ports
.da_clk_o(da_clk_o),               //时钟输出端口
.chipscope_clk(chipscope_clk),     //时钟输出端口
.rd_clk(rd_clk),                   //时钟输出端口
    //Status and control signals
.rst_n(~rst_n));                   //复位端口

iprecieveiprecieve_inst (
    .clk(udp_rx_clk),              //GMII 接收时钟
    .datain(udp_receive),          //GMII 接收数据
    .e_rxdv(e_rxdv),               //GMII 接收数据有效信号
```

94

```verilog
    .rst_n(rst_n),                          //清除/复位信号
    .valid_ip_P(valid_ip_P),                //接收到 IP 包标志
    .data_o(data_o),                        //UDP 接收的数据
    .rx_total_length(rx_total_length),      //UDP 帧的总长度
    .rx_state(rx_state),                    //接收状态指示
    .rx_data_length(rx_data_length),        //接收的 UDP 数据包的长度
    .data_receive(data_receive)             //接收到 UDP 包标志
    );


my_fifomy_fifo_inst (
    .rst(~rst_n),                           //复位输入
    .wr_clk(udp_rx_clk),                    //写时钟输入
    .rd_clk(rd_clk),                        //读时钟输入
    .din(data_o),                           //8 位数据输入
    .wr_en(wr_en),                          //写使能输入
    .rd_en(rd_en),                          //读使能输入
    .dout(da_out),                          //8 位数据输出
    .full(full),                            //满标志输出
    .empty(empty),                          //空标志输出
    .rd_data_count(rd_data_count),          //13 位读数据计数输出
    .wr_data_count(wr_data_count)           //13 位写数据计数输出
    );
///////////////////////////////写入使能设置///////////////////////////////
always @ (posedge udp_rx_clk or negedge rst_n)begin
    if(rst_n==1'b0)begin
            cnt<= 0;
    end
    else if(add_cnt)begin
        if(end_cnt)
            cnt<= 5;
        else
            cnt<= cnt + 1;
    end
end

assign add_cnt =1 ;
assign end_cnt = add_cnt&&cnt==10-1 ;

always  @ (posedge udp_rx_clk or negedge rst_n)begin
    if(rst_n==1'b0)begin
            wr_en<=1'b0;
    end
    else if(add_cnt&&cnt>=5-1&&full==0&&rx_state==4'd7) begin
```

```
        wr_en<=1'b1;
    end
    else begin
        wr_en<=1'b0;
    end
end


////////////////////////////////读出使能设置//////////////////////////////////
always  @ (posedge rd_clk or negedge rst_n)begin
    if(rst_n= =1'b0)begin
        rd_en<=1'b0;
    end
    else if(empty= =0) begin//empty 为 1 时表示 FIFO 为空
        rd_en<=1'b1;
    end
    else begin
        rd_en<=1'b0;
    end
end


/////////////////////调用 ODDR2 使时钟信号 da_clk 通过普通 IO 输出/////////
ODDR2 #(
  .DDR_ALIGNMENT( "NONE" ),              //设置输出对齐方式
  .INIT(1'b0),                          //初始化输出 Q 为 1'b0
  .SRTYPE( "SYNC" )                     //设置为同步方式
  ) ODDR2_da_inst (
  .Q(da_clk),                           //DDR 数据输出
  .C0(da_clk_o),                        //时钟输入
  .C1( ~da_clk_o),                      //时钟输入
  .CE(1'b1),                            //时钟使能输入
  .D0(1'b1),                            //数据输入 D0(C0 相关)
  .D1(1'b0),                            //数据输入 D1(C1 相关)
  .R(1'b0),                             //复位输入置 0
  .S(1'b0)                              //设置输入置 0
    );


/////////////////////////////////chipscope 设置//////////////////////////////////
chipscope_iconicon_debug (
.CONTROL0(CONTROL0)                     //输入输出总线 [35:0]
);

chipscope_ilaila_filter_debug (
.CONTROL(CONTROL0),                     //输入输出总线 [35:0]
```

```
.CLK(chipscope_clk),                    //时钟输入
.TRIG0(TRIG0)
);


assign  TRIG0[7:0]=udp_receive;//UDP 包,含有包头数据
assign  TRIG0[15:8]=data_o;//UDP 包里的数据,FIFO 输入
assign  TRIG0[23:16]=da_out;//FIFO 输出


endmodule
```

2) IP 核参数设置

接收部分的 FIFO 与 PLL 参数设置如下:

(1) FIFO 参数设置,如图 4-27~图 4-32 所示。

图 4-27 FIFO 参数设置(一)

图 4-28 FIFO 参数设置(二)

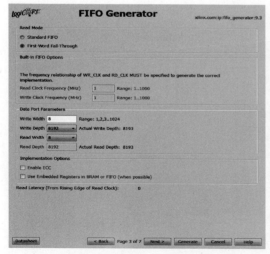

图 4-29 FIFO 参数设置(三)

图 4-30 FIFO 参数设置(四)

图 4-31　FIFO 参数设置(五)

图 4-32　FIFO 参数设置(六)

(2) PLL 参数设置,如图 4-33~图 4-37 所示。

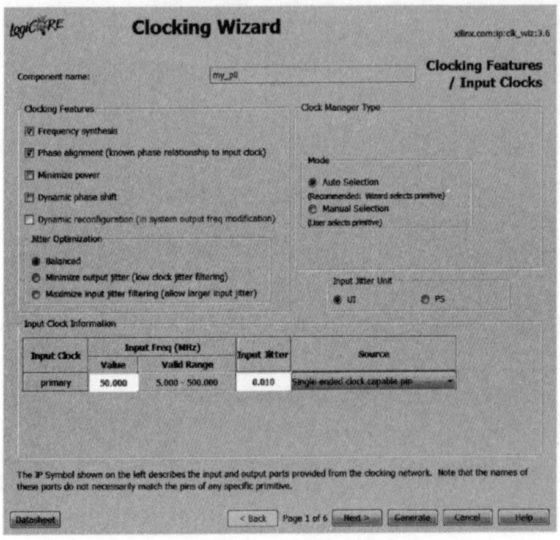

图 4-33　PLL 参数设置(一)

图 4-34　PLL 参数设置(二)

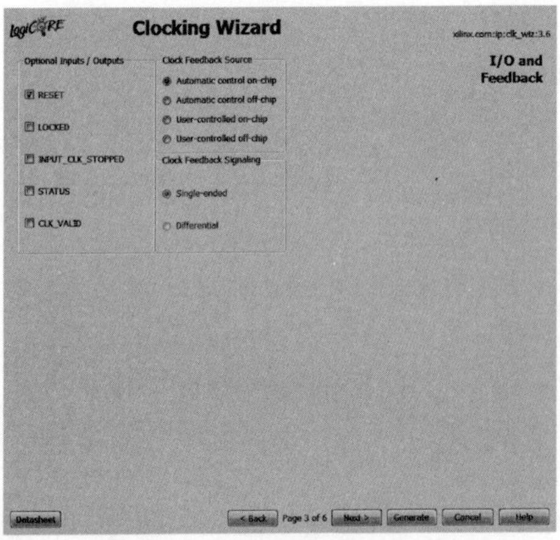

图 4-35　PLL 参数设置(三)

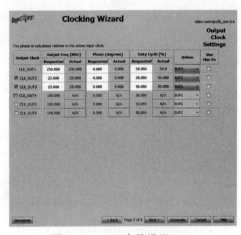

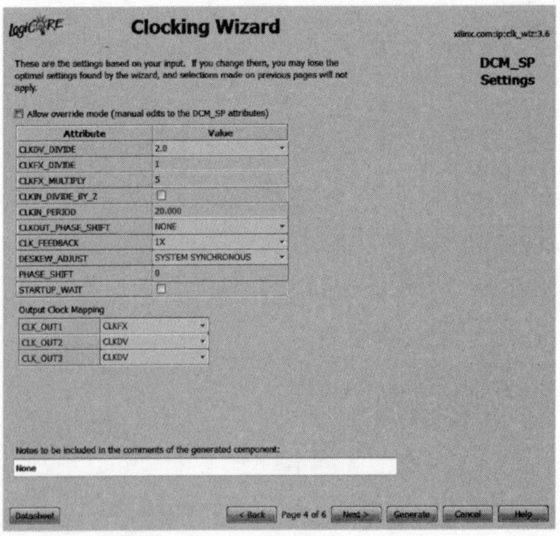

图 4-36　PLL 参数设置(四)

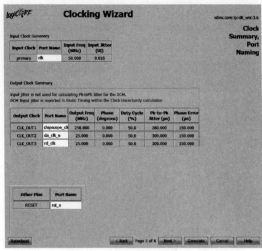

图 4-37　PLL 参数设置(五)

3) UDP 协议接收模块

UDP 协议接收模块源代码如下：

```verilog
'timescale 1ns /1ps
/* * * * * * * * * * * * * * * * * * * * * * * * * * * * * * * * * * * * * * * */
//      GMII UDP 数据包发送模块
/* * * * * * * * * * * * * * * * * * * * * * * * * * * * * * * * * * * * * * * */
module iprecieve(
    input clk,                          //GMII 接收时钟
    input[ 7:0] datain,                 //GMII 接收数据
    input e_rxdv,                       //GMII 接收数据有效信号
    input rst_n,                        //清除/复位信号
    output regvalid_ip_P,               //接收到 IP 包的标志位
    output reg [ 7:0]data_o,            //UDP 接收的数据
    output reg [15:0]rx_total_length,   //UDP 帧的总长度
    output reg [ 3:0]rx_state,          //接收状态指示
    output reg [15:0]rx_data_length,    //接收的 UDP 数据包的长度
    output regdata_receive              //接收到 UDP 包标志
);

reg [159:0] myIP_layer;
reg [ 63:0] myUDP_layer;
reg [   4:0] state_counter;
reg [ 95:0] mymac;
reg [ 15:0] data_counter;

parameter idle = 4'd0,six_55 = 4'd1,spd_d5 = 4'd2,rx_mac = 4'd3,rx_IP_Protocol = 4'd4,
    rx_IP_layer = 4'd5,rx_UDP_layer = 4'd6,rx_data = 4'd7,rx_finish = 4'd8;

initial
```

```
begin
    rx_state<=idle;
end

//UDP 数据接收程序
always@ (posedge clk or negedge rst_n) begin
      if(rst_n==1'b0) begin
          rx_state<=idle;
          data_receive<=1'b0;
      end
      else begin
          case(rx_state)
            idle: begin
                      valid_ip_P<=1'b0;
                      data_counter<=10'd0;
                      state_counter<=5'd0;
                      if(e_rxdv==1'b1) begin//接收数据有效为高,开始接收数据
                        if(datain[7:0]==8'h55) begin//接收到第一个 55
                            rx_state<=six_55;
                        end
                        else begin
                          rx_state<=idle;
                        end
                      end
                end
            six_55: begin//接收 6 个 0x55
                if ((datain[7:0]==8'h55)&&(e_rxdv==1'b1)) begin
                  if (state_counter==5) begin
                      state_counter<=0;
                      rx_state<=spd_d5;
                  end
                  else begin
                      state_counter<=state_counter+1'b1;
                  end
                end
                else begin
                rx_state<=idle;
                end
              end
            spd_d5: begin//接收 1 个 0xd5
                if((datain[7:0]==8'hd5)&&(e_rxdv==1'b1)) begin
                    rx_state<=rx_mac;
                end
```

```verilog
            else begin
            rx_state<=idle;
            end
        end
    rx_mac: begin//接收目标 MAC 地址和源 MAC 地址
        if(e_rxdv==1'b1)begin
            if(state_counter<5'd11)begin
                mymac<={mymac[87:0],datain};
                state_counter<=state_counter+1'b1;
            end
            else begin
                mymac<={mymac[87:0],datain};
                state_counter<=5'd0;
if((mymac[87:72]==16'hffff)&&(mymac[71:56]==16'hffff)&&(mymac[55:40]==16
'hffff))begin
//判断目标 MAC 地址是否为本 FPGA
                rx_state<=rx_IP_Protocol;
                end
                else begin
                rx_state<=idle;
                end
            end
        end
        else begin
            rx_state<=idle;
        end
    end
rx_IP_Protocol: begin   //接收 2B 的 IP TYPE
                if(e_rxdv==1'b1) begin
                    if(state_counter<5'd1) begin
                        state_counter<=state_counter+1'b1;
                    end
                    else begin
                        valid_ip_P<=1'b1;
                        state_counter<=5'd0;
                        rx_state<=rx_IP_layer;
                    end
                end
                else begin
                rx_state<=idle;
                end
            end
rx_IP_layer: begin    //接收 20B 的 UDP 虚拟包头,IP 地址
```

```
                    valid_ip_P<=1'b0;
                    if(e_rxdv==1'b1) begin
                        if(state_counter<5'd19)begin
                            myIP_layer<={myIP_layer[151:0],datain[7:0]};
                            state_counter<=state_counter+1'b1;
                        end
                        else begin
                            myIP_layer<={myIP_layer[151:0],datain[7:0]};
                            state_counter<=5'd0;
                            rx_state<=rx_UDP_layer;
                        end
                    end
                    else begin
                        rx_state<=idle;
                    end
                end
rx_UDP_layer: begin//接收 8B UDP 的端口号及 UDP 数据包长
                    rx_total_length<=myIP_layer[143:128];
                    if(e_rxdv==1'b1) begin
                        if(state_counter<5'd7)begin
                            myUDP_layer<={myUDP_layer[55:0],datain[7:0]};
                            state_counter<=state_counter+1'b1;
                        end
                        else begin
                            myUDP_layer<={myUDP_layer[55:0],datain[7:0]};
                            rx_data_length<= myUDP_layer[23:8];
                                    //UDP 数据包的长度
                            state_counter<=5'd0;
                            rx_state<=rx_data;
                        end
                    end
                    else begin
                        rx_state<=idle;
                    end
                end
rx_data: begin    //接收 UDP 的数据
                    if(e_rxdv==1'b1) begin
                      if (data_counter==rx_data_length-9) begin
                        data_o<=datain;
                        data_counter<=0;
                        rx_state<=rx_finish;
                      end
                      else begin
```

```
                            data_counter<=data_counter+1'b1;
                            data_o<=datain;
                        end
                    end
                    else begin
                      rx_state<=idle;
                    end
                end
rx_finish: begin
                    data_receive<=1'b1;
                    rx_state<=idle;
                end
            default: rx_state<=idle;
            endcase
            end
    end
    endmodule
```

4）UCF 文件

UCF 文件定义如下：

```
Net clk LOC = V10  | TNM_NET = sys_clk_pin;
TIMESPEC TS_sys_clk_pin = PERIOD sys_clk_pin 50000 kHz;


##
NET rst_n                LOC = N4 | IOSTANDARD = "LVCMOS15"; ##
##


########Ethernet Pin define####################
NET e_reset              LOC = J16 | IOSTANDARD = "LVCMOS33";## Ethernet RESET
NET e_rxdv               LOC = H15 | IOSTANDARD = "LVCMOS33";## Ethernet RXDV
NET udp_rx_clk           LOC = L16 | IOSTANDARD = "LVCMOS33";## Ethernet RXC
NET udp_receive<0>       LOC = G13 | IOSTANDARD = "LVCMOS33";## Ethernet RXD0
NET udp_receive<1>       LOC = E16 | IOSTANDARD = "LVCMOS33";## Ethernet RXD1
NET udp_receive<2>       LOC = E18 | IOSTANDARD = "LVCMOS33";## Ethernet RXD2
NET udp_receive<3>       LOC = K12 | IOSTANDARD = "LVCMOS33";## Ethernet RXD3
NET udp_receive<4>       LOC = K13 | IOSTANDARD = "LVCMOS33";## Ethernet RXD4
NET udp_receive<5>       LOC = F17 | IOSTANDARD = "LVCMOS33";## Ethernet RXD5
NET udp_receive<6>       LOC = F18 | IOSTANDARD = "LVCMOS33";## Ethernet RXD6
NET udp_receive<7>       LOC = H13 | IOSTANDARD = "LVCMOS33";## Ethernet RXD7


Net udp_rx_clk TNM_NET = grxc_clk_pin;
TIMESPEC TS_grxc_clk_pin = PERIOD grxc_clk_pin 125000kHz;#8ns;


NET "udp_receive<? >"  SLEW = FAST;
```

```
NET "e_rxdv"    SLEW = FAST;
NET "udp_rx_clk" SLEW = FAST;


####################DA 相关引脚####################
NET da_clk                  LOC = V16 | IOSTANDARD = "LVCMOS33";## 15 IO2_2N
NET da_out<0>               LOC = V11 | IOSTANDARD = "LVCMOS33";## 15 IO2_23N
NET da_out<1>               LOC = T12 | IOSTANDARD = "LVCMOS33";## 16 IO2_19P
NET da_out<2>               LOC = V12 | IOSTANDARD = "LVCMOS33";## 17 IO2_19N
NET da_out<3>               LOC = U13 | IOSTANDARD = "LVCMOS33";## 18 IO2_14P
NET da_out<4>               LOC = V13 | IOSTANDARD = "LVCMOS33";## 19 IO2_14N
NET da_out<5>               LOC = U15 | IOSTANDARD = "LVCMOS33";## 20 IO2_5P
NET da_out<6>               LOC = V15 | IOSTANDARD = "LVCMOS33";## 21 IO2_5N
NET da_out<7>               LOC = U16 | IOSTANDARD = "LVCMOS33";## 22 IO2_2P
```

4.5　Chipscope 与 MATLAB 调试

为了检验程序的正确性,利用 Chipscope 与 MATLAB 对程序进行调试。

4.5.1　发送部分调试

对发送部分的调试方法为:信号源输入信号到开发板,开发板与计算机通过网线连接,将计算机的 IP 地址设置成程序中定义的目标 IP 地址,而后使用网口调试助手接收开发板发送的数据并将数据保存到文件,通过 MATLAB 可以将网口调试助手接收到的数据文件绘制成波形。在数据的发送过程中可以通过 Chipscope 观察感兴趣信号的波形。

1. Chipscope 调试

通过 Chipscope 观察到的 ad_in、udp_spend_fifo、udp_spend 的波形如图 4-38、图 4-39 和图 4-40 所示。

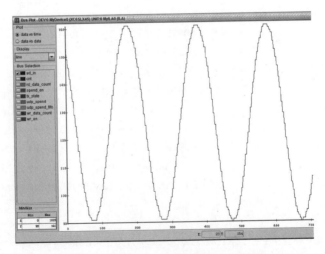

图 4-38　Chipscope 观察到的 ad_in 波形

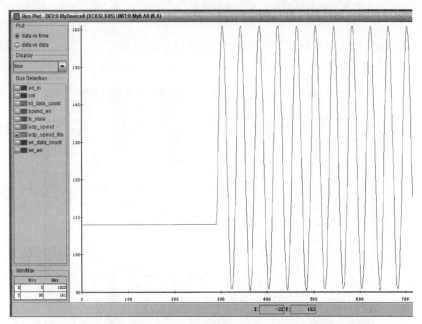

图 4-39　Chipscope 观察到的 udp_spend_fifo 波形

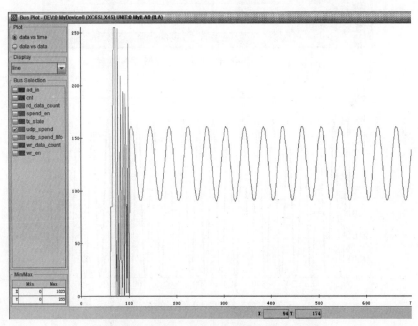

图 4-40　Chipscope 观察到的 udp_spend 波形

读者还可将感兴趣的信号加入 Chipscope 进行观察。

2. MATLAB 调试

通过网络调试助手将开发板发送来的数据保存到文件夹中,如图 4-41 所示,然后在 MATLAB 中运行以下 MATLAB 代码可将采集到的数据绘制成波形,如图 4-42 所示。

```
cla;clear all;close all;
a=textread('data_test.txt','% s')'; % #ok<DTXTRD>% 读取 .txt 文件数据
```

```
b=hex2dec(a)';%将十六进制数据转化为十进制数据
plot(b)
```

注意:在运行此代码时要留意数据文件的路径是否设置正确。建议在进行实验时将数据与.m文件放到同一个文件夹下,并将文件夹路径添加到MATLAB的工作目录。

图4-41 使用网络调试助手保存数据到文件

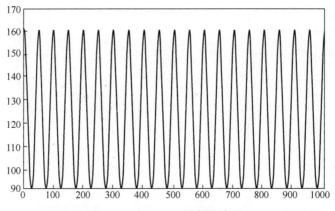

图4-42 MATLAB绘制的波形

注意:由于数据传输较快,数秒内接收到的数据就足以用来观察波形。因此在接收数据时要及时关闭网络调试助手,如果网络调试助手出现死机现象,使用任务管理器关闭即可。另外,如果数据量较大,MATLAB运行起来会比较慢,得到的波形也需要多次放大后才适合观察,因此建议读者先删除一部分数据再在MATLAB中观察。

4.5.2 接收部分调试

对接收部分进行调试,先将发送开发板与接收开发板通过网线连接,在数据的接收过程中可以通过 Chipscope 观察感兴趣信号的波形。

　　通过 Chipscope 观察到的 udp_receive、data_o、da_out 的波形分别如图 4-43、图 4-44 和图 4-45 所示。

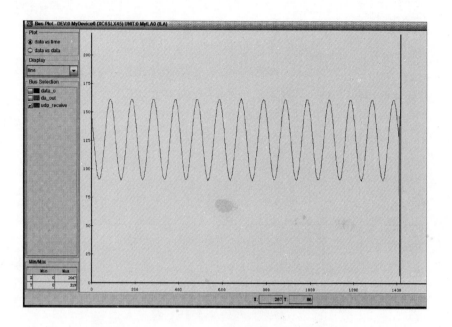

图 4-43　Chipscope 观察到的 udp_receive 波形

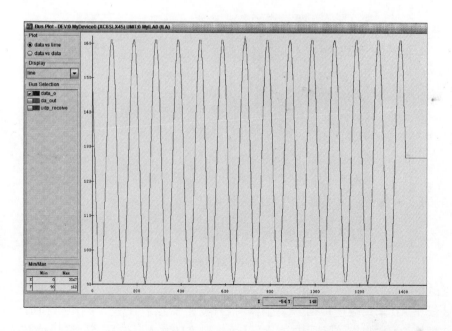

图 4-44　Chipscope 观察到的 data_o 波形

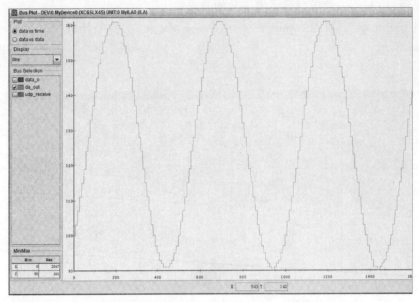

图 4-45　Chipscope 观察到的 da_out 波形

4.6　板　级　调　试

在完成系统的仿真调试后,将信号源、发送板、接收板、示波器通过网线和线缆连接,构成数据传输功能验证系统,如图 4-46 所示。

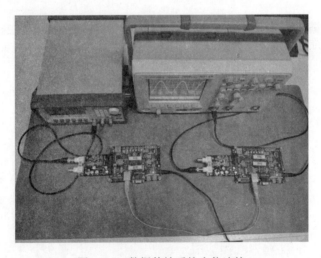

图 4-46　数据传输系统实物连接

发送板与接收板的连接如图 4-47 所示,其中,A 板是发送板,B 板是接收板。A 板的 AN108 模块 AD 采集端连接信号发生器,信号发生器参数设置如图 4-48 所示,B 板的 AN108 模块 DA 输出端连接示波器,可以观察到信号发生器信号经网络传输系统后还原出来的信号波形,如图 4-49 所示。由此,可以验证网络传输系统功能是否正常。

图 4-47　发送板与接收板的连接

图 4-48　信号发生器参数设置

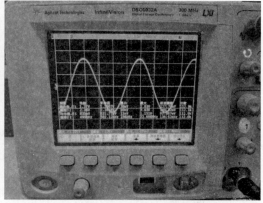

图 4-49　示波器参数测量结果

4.7　本章小结

　　本章首先介绍了项目的设计要求,并对项目中用到的 FIFO 存储器以及 UDP 协议进行了介绍,之后向读者完整地展示了项目开发的全过程。整个项目分为发送和接收两部分,开发过程中可通过 ISE14.7 内置的 Chipscope 软件对两部分进行调试,对于发送部分还可以借助网络调试助手以及 MATLAB 验证数据传输的正确性。

第 5 章　基于 GPS 和 GSM 的放射源监控系统设计实例

目前很多工厂利用放射源对化工原料进行流量监控,由于使用的放射源广泛分布于厂区内,且大多依靠人力进行逐个管理与监控,管理起来非常麻烦,并且放射源具有极大的危害性,一旦失控,将留下隐患,影响人民群众的身体健康,甚至引起恐慌,对社会的稳定造成威胁。根据这一背景,制作一个利用 GPS 和 GSM 短信模块将放射源的位置数据向控制中心自动报告的监控系统,具有重要意义。该系统不需要人员进行实时监控,可向监控节点发送查询命令,接收监控节点的 GPS 数据,并在计算机终端显示其地理位置。同时,当监控节点被移出规定范围时,会自动报警。本章详细介绍基于 GPS 和 GSM 模块的放射源远程监控系统的设计实现过程。

5.1　总体方案设计

为了实现对放射源的监控,将工程分为 M-89 GPS 接收模块、单片机控制模块、TC35 GSM 发射模块、上位机控制模块以及手机端软件模块。具体模块如图 5-1 所示。

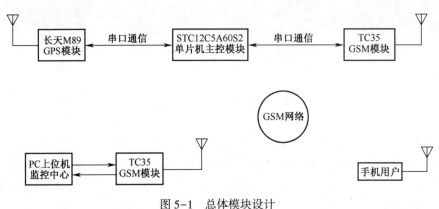

图 5-1　总体模块设计

其中各个模块主要实现如下功能:

(1) M-89 GPS 模块:GPS 模块将与放射源绑定在一起,用于接收 GPS 定位信息,再根据单片机的控制指令将相应的数据发送给单片机处理。

(2) STC12C5A60S2 单片机控制模块:单片机模块是系统控制的核心,控制 GPS 模块接收 GPS 定位信息,通过串口获取数据后进行判断处理,根据 GPS 模块反馈信息可控制 TC35 GSM 模块将位置或报警信息发送给相应的接收端。

(3) TC35 GSM 模块:通过串口与单片机模块相连,将根据单片机的指令将关于放射源的信息发送给指定用户端。

(4)上位机软件部分:在上位机利用 Visual Basic 开发控制软件,根据 TC35 GSM 接收模块获得的数据,调用 Google Map 将定位信息显示出来,方便用户端对放射源的监控。

下面根据总体设计的思想,将工程分为硬件部分和软件部分来讲解。

硬件部分包括 M-89 GPS、TC35 GSM、STC12C5A60S2 单片机以及原理图与 PCB 设计,理解硬件设计是软件编程的基础。

软件部分包括单片机程序部分和 Windows 端程序设计部分。下面详细介绍每一部分的具体实现。

5.2　硬　件　设　计

5.2.1　模块主要特性介绍

1. M-89 GPS 模块介绍

M-89 是一种根据低耗电 Mediatek GPS 解决方案设计的小型(25.4mm×25.4mm×3mm)GPS 模块,对于导航应用提供高达-159dBm 的灵敏度与快速的第一次定位时间,可嵌入需要 GPS 服务的 PDA、PND、移动电话、便携式装置设计中。M-89 GPS 模块的主要特性参数如表 5-1 所示,引脚特性如表 5-2 所示,实物如图 5-2 所示。

表 5-1　M-89 GPS 模块主要特性

特性	参数	特性	参数
通道	并行 32 通道	精度定位	10m(2D RMS) 1~5m(DGPS)
频率	L1 1575.42MHz	速度	0.1m/s
跟踪灵敏度	-159dBm	重获取时间	0.1s
数据传输速率/(b/s)	4800~38400(标准:9600)	热启动时间	1s
DGPS 协议	RTCM SC-104,类型 1,2 和 9	温启动时间	33s
脉冲延时	100ms	冷启动时间	36s
输入电压	3.3~5V(直流)	后备电源	3V
尺寸	25.4mm(D)×25.4mm(W)×3mm(H)	质量	7g

表 5-2　M-89 GPS 模块引脚定义

引脚	引脚名称	类型	描述
1	VCC_IN	输入	3.3~5V 供电输入
2	GND	地	地
3	NC		NC
4	RXDA	输入	串行数据输入 A
5	TXDA	输出	串行数据输出 A
6	TXDB	输出	串行数据输出 B
7	RXDB	输入	串行数据输入 B

(续)

引脚	引脚名称	类型	描　述
8	GPIO0	输入/输出	普通输入/输出口
9	INT1	输入/输出	普通输入/输出口
10	GND	地	地
11	GND	地	地
12	GND	地	地
13	GND	地	地
14	GND	地	地
15	GND	地	地
16	GND	地	地
17	RF_IN	输入	GPS 信号输入
18	GND	地	地
19	V_ANT_IN	输入	天线电源提供输入 3.3~5V
20	VCC_RF_O	输出	天线电源供给 2.8V
21	V_BAT	输入	RTC、SRAM 电源 2.6~3.6V(直流)
22	HRST	输入	复位,低电平有效
23	GPIO1	输入/输出	普通输入/输出口
24	GPIO2	输入/输出	普通输入/输出口
25	GPIO3	输入/输出	普通输入/输出口
26	GPIO4	输入/输出	普通输入/输出口
27	GPIO5	输入/输出	普通输入/输出口
28	GPIO6	输入/输出	普通输入/输出口
29	PPS	输出	1PPS 输出,与 GPS 时钟同步精确至 1μs/s
30	GND	地	地

2. TC35 GSM 模块介绍

TC35(TC35i/MC35/MC35i)无线 GSM/GPRS 通信模块集成了标准的 RS232 接口以及 SIM 卡,可以在 PC 机上用 AT 命令通过串口对它进行设置,可作为产品的一部分应用于无线短信工业控制、远程通信、现场监控等诸多无线通信领域。TC35 模块实物如图 5-3 所示,主要特性参数如表 5-3 所示。

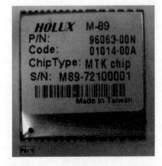

图 5-2　M-89 GPS 模块实物图

图 5-3　TC35 GSM 模块实物图

表 5-3　TC35 主要特性一览

特性	参数	特性	参数
电源	单电源 3.3~5.5V	频段	双频 GSM900MHz 和 DCS1800 MHz(Phase 2+)
发射功率	2W(GSM900MHz Class4 1WDCS1800MHz Class 1)	SIM 卡连接方式	外接
天线	由天线连接器连接外部天线	工作温度	−20~+55℃
通话模式	损耗 300mA(典型值)	储存温度	−30~+85℃
空闲模式	3.5mA(最大值)	三种速率	半速(ETS 06.20) 全速(ETS 06.10)增强型全速 (ETS 06.50/06.60/06.80)
省电模式	100μA(最大值)	外形尺寸	54.5mm×36mm×6.7mm
短信息	MT,MO,CB 和 PDU 模式	音频接口	模拟信号
模块复位	采用 AT 指令或掉电复位	通信接口	RS232
串口通信波特率	300b/s~115Kb/s	自动波特率范围	4.8~115Kb/s

3. STC12C5A60S2 模块介绍

STC12C5A60S2/AD/PWM 系列单片机是宏晶科技生产的单时钟/机器周期单片机,指令代码完全兼容传统 8051,但速度快 8~12 倍,内部集成 MAX810 专用复位电路,2 路 PWM,8 路高速 10 位 A/D 转换(250Kb/s),其 40DIP 封装如图 5-4 所示。

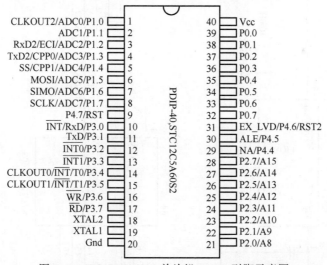

图 5-4　STC12C5A60S2 单片机 DIP40 引脚示意图

STC12C5A60S2 单片机中包含中央处理器(CPU)、程序存储器(Flash)、数据存储器(SRAM)、定时/计数器、UART 串口、串口 2、I/O 接口、高速 A/D 转换、SPI 接口、PCA、看门狗及片内 R/C 振荡器和外部晶体振荡电路等模块。详细信息可参考 12C5A60S2 芯片手册。

5.2.2　硬件电路实现

硬件电路实现中 GSM 模块和主控模块的原理图如图 5-5、图 5-6 所示。GSM 模块主

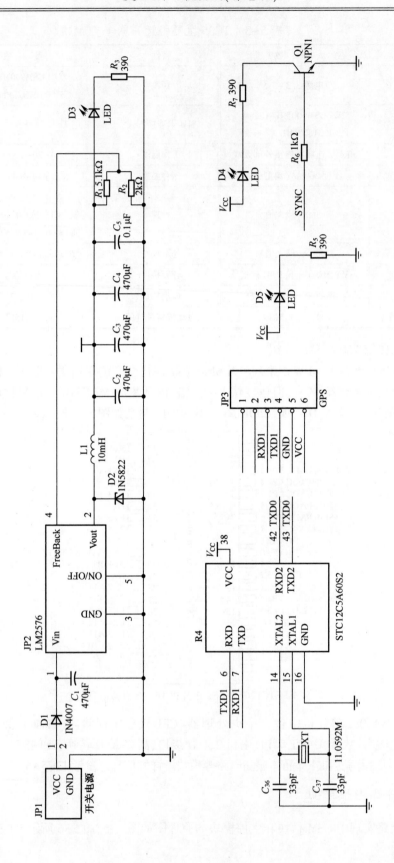

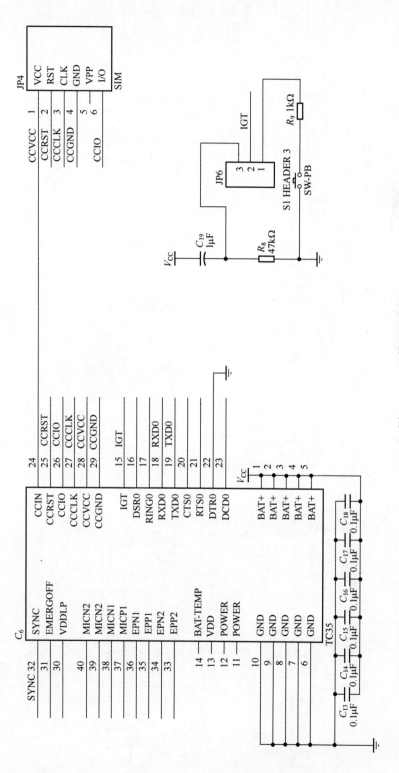

图 5-5　GSM 模块原理图

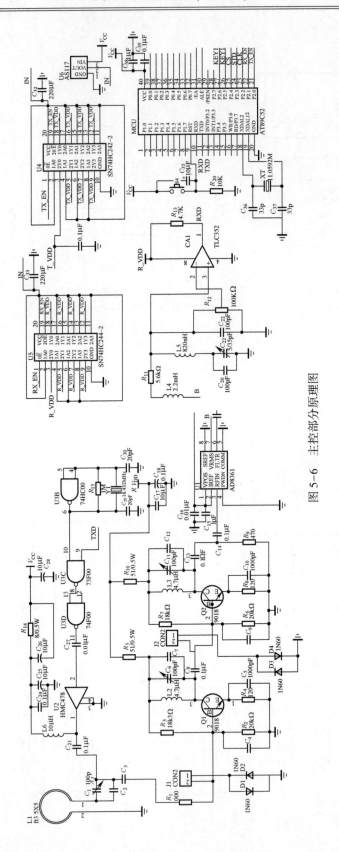

图 5-6 主控部分原理图

要采用芯片手册中的典型电路,电源模块采用 LM2576 做稳压芯片提供开关电源。GSM 模块与单片机通信部分直接连接至 RXD/TXD,不需要 RS232 芯片。

在主控部分中,天线射频部分采用两级 9018 三极管后接 AD8361 和 TLC352 两级放大。单片机与 LCD12864 之间串行布线,方便操作,节省资源。

5.3　软　件　设　计

5.3.1　单片机软件部分

单片机软件设计模块主要包含 3 个文件:GPS 模块、GSM 模块和 MAIN 模块。

(1)在 GPS.c 文件中主要声明了 GPS 数据存储数组、串口中断所需变量以及 GPS 串口中断服务程序。在 GPS 串口中断程序中实现了控制 GPS 芯片接收经纬度、海拔高度、方位角、日期等数据。

GPS.c 详细代码如下:

```
#include<STC_12c5a.H>
#include<intrins.h>
#include <string.h>
#include "head.h"
#define uchar unsigned char
#define uint unsigned int
//GPS 数据存储数组
uchar xdata JD[10];               //经度
uchar JD_a;                       //经度方向
uchar xdata WD[9];                //纬度
uchar WD_a;                       //纬度方向
uchar xdata time[6];              //时间
uchar xdata speed[5];             //速度
uchar xdata high[6];              //高度
uchar xdata angle[5];             //方位角
uchar xdata use_sat[2];           //使用的卫星数
uchar xdata total_sat[2];         //天空中总卫星数
uchar lock;                       //定位状态
uchar xdata date[6];              //日期
//串口中断需要的变量
uchar seg_count;                  //逗号计数器
uchar dot_count;                  //小数点计数器
uchar byte_count;                 //位数计数器
uchar cmd_number;                 //命令类型
uchar mode;                       //0:结束模式,1:命令模式,2:数据模式
uchar buf_full;                   //1:整句接收完成,相应数据有效,0:缓存数据无效
uchar cmd[5];                     //命令类型存储数组
/* * * * * * * * * * * * * * * * * * * * * * * * * * * * * * * * * * * * *
```

```
// 函数名称: void uart() interrupt 4
// 函数功能: GPS 串口中断服务程序,读取 GPS 数据,GPGGA 数据
// 参数:void
// 返回值:void
//* * * * * * * * * * * * * * * * * * * * * * * * * * * * * * * * * * */
void uart() interrupt 4
{
    uchar temp;
    if(RI)
    {
      temp = SBUF;
      switch(temp)
      {
      case '$':
          cmd_number = 0;              //类型命令清空
          mode = 1;                    //接收命令模式
          byte_count = 0;              //接收位数清空
          break;
      case ',':
          seg_count++;                 //逗号累计加 1
          byte_count = 0;              //出现逗号则进去另一字段
          break;
      case '*':
          switch(cmd_number)
          {
              case 1:buf_full |= 0x01;break;     //有效接收 GPGGA 数据
              case 2:buf_full |= 0x02;break;     //有效接收 GPGSV 数据
              case 3:buf_full |= 0x04;break;     //有效接收 GPRMC 数据
          }
          mode = 0;
          break;
      default:
        if(mode == 1)                  //接收命令
      {
      cmd[byte_count] = temp;          //接收命令字符保存于 cmd
      if(byte_count >= 4)
      {
      if(cmd[0] == 'G')
      {
      if(cmd[1] == 'P')
      {
      if(cmd[2] == 'G')
      {
```

118

```
        if( cmd[ 3 ] = ='G')
        {
        if( cmd[ 4 ] = ='A')
        {
        cmd_number = 1 ;                    //接收到 GPGGA 类型
        mode = 2 ;
        seg_count = 0 ;
        byte_count = 0 ;
        }
        }
        else
        if( cmd[ 3 ] = ='S')
        {
        if( cmd[ 4 ] = ='V')
          {
            cmd_number = 2 ;                //接收到 GPGSV 类型
            mode = 2 ;
            seg_count = 0 ;
            byte_count = 0 ;
          }
        }
    }
    else
    if( cmd[ 2 ] = ='R')
    {
    if( cmd[ 3 ] = ='M')
      {
        if( cmd[ 4 ] = ='C')
          {
            cmd_number = 3 ;                //接收到 GPRMC 类型
            mode = 2 ;
            seg_count = 0 ;
            byte_count = 0 ;
          }
      }
      }
      }
    }
  }
}
  else
    if( mode = = 2 )                        //数据命令
      {
```

```
        switch(cmd_number)
{

case 1:// GPGGA 类型
switch(seg_count)
    {
        case 2://接收字段 2 纬度信息
        if(byte_count<9)
          {
          WD[byte_count]=temp;
          }
          break;
          case 3://接收字段 3 纬度方向
          if(byte_count<1)
          {
          WD_a=temp;
          }
        break;
          case 4://接收字段 4 经度信息
          if(byte_count<10)
          {
              JD[byte_count]=temp;
          }
          break;
          case 5://接收字段 5 经度方向
            if(byte_count<1)
            {
            JD_a=temp;
            }
            break;
          case 6: //GPS 状态   0=未定位 1 或 2=已定位
            if(byte_count<1)
              {
                  lock=temp;
              }
            break;
          case 7: //接收字段 7 定位使用的卫星数信息
            if(byte_count<2)
              {
                  use_sat[byte_count]=temp;
              }
            break;
          case 9: //接收字段 9 海拔高度信息
            if(byte_count<6)
```

```
                 |
              high[byte_count]=temp;
                 |
           break;
    |
              break;
case 2：//GPGSV 类型
switch(seg_count)
{
        case 3：//接收字段 3 天空中的卫星总数信息
            if(byte_count<2)
            {
              total_sat[byte_count]=temp;
            }
              break;
    }
              break;
case 3：//GPRMC 类型
switch(seg_count)
{
        case 1：//接收字段 1 时间信息
            if(byte_count<6)
            {
              time[byte_count]=temp;
            }
                break;
        case 7：//接收字段 7 速度信息单位节 Knots
            if(byte_count<5)
            {
              speed[byte_count]=temp;
            }
                break;
        case 8：//接收字段 8 方位角信息
            if(byte_count<5)
            {
              angle[byte_count]=temp;
            }
                break;
        case 9：//接收字段 9 日期信息
            if(byte_count<6)
            {
              date[byte_count]=temp;
            }
```

```
                break;
            }
                break;
            }
        }
            byte_count++; //接收数位加 1
            break;
        }
    }
    RI = 0; //清除 RI 位
}
```

（2）在 GSM.c 文件中定义了接收端、数据格式以及通信协议。程序中还定义了 GSM 模块初始化代码、短信收发代码、检测放射源位置、安全与否判断以及发送警报短信代码等。

GSM.c 详细代码如下：

```c
#include<STC_12c5a.H>
#include<intrins.h>
#include <string.h>
#include "head.h"
#define uint unsigned int
#define uchar unsigned char
#define RxIn 90
#define S2RI 0x01
#define S2TI 0x02
sbit led3 = P0^2;
//main 中定义的全局变量
extern uchar idata sendtime;
extern uchar idata autosend;
extern bit idata newmsg;
extern bit idata msgcmd;
uchar code AT[] = "AT";                          //握手信号
uchar code ATE[] = "ATE";                        //关回显
uchar code AT_CNMI[] = "AT+CNMI = 2,1";
//设置这组参数来将新信息直接显示到串口,不作存储
uchar code AT_CSCA[] = "AT+CSCA = +86138xxx";                //设置服务中心号码
uchar code AT_CSCS[] = "AT+CSCS = GSM";                      //设置服务中心号码(北京)
uchar code AT_CMGF[] = "AT+CMGF = 1";                        //设置短信的格式为 text 格式
uchar code AT_CMGR[] = "AT+CMGR = ";                         //读取短信指令
uchar code AT_CMGS[] = "AT+CMGS = ";                         //发送短信指令
//uchar code AT_CMGS[] = "AT+CMGS = \"+86136xxxxxxxx\"";      //发送端手机号
//发送短信 SIM 卡号指令
uchar code AT_CMGD[] = "AT+CMGD = ";                         //删除短信指令
```

```
uchar code successfully[] = "Operate Successfully!";      //发送操作成功信息到目标号码
uchar code fail[] = "Operate failed,try again!";         //发送操作失败信息到目标号码
uchar code nosignal[] = "Sorry,No GPS Signal";
//uchar code simCardNumber[] = " \"+86136xxxxxxxx \"";    //发送端手机号
uchar code AT_alarm[19] = "AT+CMGS = 159xxxxxxxx";        //目标手机号
//初始化发送短信号码指令
uchar code SOS[] = "SOS!";                                //初始化发送短信号码指令
uchar AT_delete[10];
uchar AT_Read[11];                                        //存储发送读取短信指令
uchar AT_SendNumber[19] = "AT+CMGS = 159xxxxxxxx";        //目标手机号
//初始化发送短信号码指令
//uchar AT_SendNumber[25];
uchar numberbuf[3];                                       //保存短信条数
uchar idata SystemBuf[RxIn];                              //存储出口接收数据
uchar CommandBuf[6];                                      //存储指令
uchar GsmSendOnlyOnce = 0;                                //只执行一次
uchar idata Rx = 0;
//bit permitAnalyzeMessage = 0;                           //允许解析短信
//bit receiveLegalCommand = 0;                            //收到命令符合规定,否则发送
//错误指令返回


/* * * * * * * * * * * * * * * * * * * * * * * * * * * * * * * * * * * * *
//函数名称:void uart2_isr(void)
//函数功能:串口 2 中断服务程序
//参数:void
//返回值:void
//* * * * * * * * * * * * * * * * * * * * * * * * * * * * * * * * * * * * * /
void uart2_isr(void) interrupt 8
{
      if(S2CON&S2RI)
      {
        S2CON& = ~S2RI;//清除接收标志
        if(Rx<RxIn)
        {
          SystemBuf[Rx] = S2BUF;
          Rx++;
        }
      }

    if(S2CON&S2TI)
    {
        S2CON& = ~S2RI;
    }
}
```

```
/* * * * * * * * * * * * * * * * * * * * * * * * * * * * * * * * * *
// 函数名称：void GsmInit(void)
// 函数功能：GSM 初始化
// 参数：void
// 返回值：void
//* * * * * * * * * * * * * * * * * * * * * * * * * * * * * * * * * * * */
void GsmInit(void)
{
    loop:
    DELAY1S(1);
    sendtc35asc(AT);
    send_tc35hex(0x0D);
    DELAY1S(1);
    sendtc35asc(ATE);
    send_tc35hex(0x0D);
    DELAY1S(2);
    sendtc35asc(AT_CNMI);
    send_tc35hex(0x0D);
    DELAY1S(1);
    sendtc35asc(AT_CSCS);
    send_tc35hex(0x0D);
    DELAY1S(1);
    sendtc35asc(AT_CSCA);
    send_tc35hex(0x0D);
    DELAY1S(1);
    sendtc35asc(AT_CNMI);
    send_tc35hex(0x0D);
    DELAY1S(2);
    for(Rx=0; Rx<RxIn; Rx++)
    {
        SystemBuf[Rx]=0x00;
    }                               //接收缓冲器清空
    Rx=0;
    sendtc35asc(AT_CMGF);  //设置短信为 text 模式
    send_tc35hex(0x0D);
    DELAY1S(1);
    //判断模块初始化是否成功,如果成功,模块回复"OK"给单片机
    if((SystemBuf[2] == 'O') && (SystemBuf[3] == 'K'))
        {for(Rx=0; Rx<RxIn; Rx++)
        {
            SystemBuf[Rx] = 0x00; //清空
        }
```

```
            Rx = 0;
        }
```

//如果单片机没有收到 OK,继续发送初始化指令 0D 0A 4F 4B 0D 0A

```
else{
        for(Rx=0; Rx<RxIn; Rx++)
        {
        SystemBuf[Rx] = 0x00;
        }
        Rx = 0;
        goto loop;
    }
}
```

```
/* * * * * * * * * * * * * * * * * * * * * * * * * * * * * * * * * * *
```
//函数名称:void judgeNewMessageCome(void)
//函数功能:判断是否有新的短信,有则标志位置 1,将内容放到缓冲数组
//否则清空缓冲数组
//参数:void
//返回值:void
```
// /* * * * * * * * * * * * * * * * * * * * * * * * * * * * * * * * * * */
void JudgeNewMessageCome(void)
{
    uchar i;
    if((SystemBuf[5] = = 0x54) ||(SystemBuf[6] = = 0x49))
    {
        newmsg = 1;
    }
    else
    {                //收到新短信,+CMTI:"SM",3
        for(i=0;i<Rx;i++)
        {
            SystemBuf[i]=0x00;
        }
        Rx=0;
    }
}
```

```
/* * * * * * * * * * * * * * * * * * * * * * * * * * * * * * * * * * *
```
//函数名称: void ReadMessage(void)
//函数功能: 读短信操作,可以读取某条指定短信
//参数:void
//返回值:void
```
// /* * * * * * * * * * * * * * * * * * * * * * * * * * * * * * * * * * */
```

```
void ReadMessage(void)
{
    uchar i;
    DELAY1S(3);
    for(i=0; i<3; i++)
    {
        numberbuf[i] = SystemBuf[14+i];              //用来保存短信条数
    }
    for(i=0;i<8;i++)
    {
      //用来存储发送读取短信指令,AT_CMGR[] = "AT+CMGR = "
        AT_Read[i]=AT_CMGR[i];
    }
    for(i=8;i<11;i++)
    {
        AT_Read[i] = numberbuf[i-8];                 //第几条短信
    }
    for(Rx=0; Rx<RxIn; Rx++)
    {
        SystemBuf[Rx] = 0x00;
    }
    Rx = 0;
    for(i=0;i<11;i++)
    {
        send_tc35hex(AT_Read[i]);//第几条短信
    }
    send_tc35hex(0x0D);
    send_tc35hex(0x0A);
    DELAY1S(1);
}


/* * * * * * * * * * * * * * * * * * * * * * * * * * * * * * * *
// 函数名称:ucharAnalyseMsg(void)
// 函数功能:解析短信内容,读取查询命令和设置自动回复时间命令
// 参数:void
// 返回值:1—收到查询命令, 2—收到自动设定时间命令
// * * * * * * * * * * * * * * * * * * * * * * * * * * * * * * * * /
uchar AnalyseMsg(void)
{
    uchar i;
    for(i=0;i<5;i++)
    //将短信内容中的指令部分截取出来放到 CommandBuf 数组中
      {
```

126

```
        CommandBuf[i]=SystemBuf[64+i];//从第 65 个字符开始为有效字符
    }
    if((CommandBuf[0]=='c')&&(CommandBuf[1]=='c')&&(CommandBuf[2]=='c')
    &&(CommandBuf[3]=='c'))                    //查询指令
    {
        led3=1;
        return 1;
    }
    else if(((CommandBuf[0]-'0'))>0&&((CommandBuf[0]-'0'<10)))
    //判断指令为设置时间指令
    {
        return (((CommandBuf[0]-'0'))*5);//将 ASCⅡ码转换为数字
    }
    else return 0;
}


/* * * * * * * * * * * * * * * * * * * * * * * * * * * * * * * * * * * * *
//函数名称:void SendLocation(void)
//函数功能: 发送带有位置信息的短信
//参数:void
//返回值:void
//* * * * * * * * * * * * * * * * * * * * * * * * * * * * * * * * * * * * * * /
void SendLocation(void)
{
    uchar i;
    for(i=0;i<8;i++)
    {
        AT_SendNumber[i] = AT_CMGS[i];
    }
    for(i=8;i<19;i++) //这里发送 11 位电话号码
    {
        AT_SendNumber[i] = SystemBuf[18+i];
        //可考虑直接发送到指定号码,26 开始是电话号码
    }
    for(i=0;i<19;i++)
    {
        send_tc35hex(AT_SendNumber[i]);
    }
    send_tc35hex(0x0D);
    DELAY1S(1);//等待返回">"
    DELAY1MS(100);
    if(buf_full != 0)
    {
```

```
    if(lock){ //如果定位成功,则发送定位信息
        send_tc35hex(JD_a);
        for(i=0;i<3;i++)
        {
            send_tc35hex(JD[i]);
        }
            sendtc35asc(".");
        for(i=3;i<5;i++)
        {
            send_tc35hex(JD[i]);
        }
        for(i=6;i<10;i++)
        {
            send_tc35hex(JD[i]);
        }
        sendtc35asc(" ");
        send_tc35hex(WD_a);
        for(i=0;i<2;i++)
        {
            send_tc35hex(WD[i]);
        }
        sendtc35asc(".");
        for(i=2;i<4;i++)
        {
            send_tc35hex(WD[i]);
        }
        for(i=5;i<9;i++)
        {
            send_tc35hex(WD[i]);
        }
        sendtc35asc(" ");
        lock = 0;
        }
        buf_full=0;
        }
        else sendtc35asc(nosignal);
        send_tc35hex(0x1A);              //结束字符 Ctrl+Z
}


/* * * * * * * * * * * * * * * * * * * * * * * * * * * * * * * * * *
// 函数名称:void DeleteMessage(void)
// 函数功能:删除短信
// 参数:void
```

```
//返回值:void
//* * * * * * * * * * * * * * * * * * * * * * * * * * * * * * * * * * /
void DeleteMessage(void)
{
    uchar i;
    DELAY1S(1);
    for(i=0;i<8;i++)
    {
      AT_delete[i]=AT_CMGD[i];              //删除短信头
    }
    for(i=8;i<11;i++)
    {
    AT_delete[i] = numberbuf[i-8];          //第几条短信
    }
    for(Rx=0; Rx<RxIn; Rx++)
    {
    SystemBuf[Rx] = 0x00;
    }
    Rx=0;
    for(i=0;i<10;i++){
        send_tc35hex(AT_delete[i]);
    }
    send_tc35hex(0x0D);
    DELAY1S();
}


/* * * * * * * * * * * * * * * * * * * * * * * * * * * * * * * * * *
//函数名称:void SendAlarm(void)
//函数功能: 发送报警短信
//参数:void
//返回值:void
//* * * * * * * * * * * * * * * * * * * * * * * * * * * * * * * * * * /
void SendAlarm(void)
{
uchar i;
    for(i=0;i<19;i++)
    {
        send_tc35hex(AT_alarm[i]);
    }
    send_tc35hex(0x0D);
    DELAY1S(1); //等待返回">"
    sendtc35asc(SOS);
    send_tc35hex(0x0D);
```

```
    if(buf_full ! = 0)
    {
        if(lock){//如果定位成功,则发送定位信息
        send_tc35hex(JD_a);
        for(i=0;i<3;i++)
        {
            send_tc35hex(JD[i]);
        }
        sendtc35asc(".");
        for(i=3;i<5;i++)
        {
            send_tc35hex(JD[i]);
        }
        for(i=6;i<10;i++)
        {
            send_tc35hex(JD[i]);
        }
        sendtc35asc("  ");
        send_tc35hex(WD_a);
        for(i=0;i<2;i++)
        {
            send_tc35hex(WD[i]);
        }
        sendtc35asc(".");
        for(i=2;i<4;i++)
        {
            send_tc35hex(WD[i]);
        }
        for(i=5;i<9;i++)
        {
            send_tc35hex(WD[i]);
        }
        sendtc35asc("  ");
        lock = 0;
        }
    buf_full=0;
    }
    else sendtc35asc(nosignal);DELAY1S(1);
    send_tc35hex(0x1A);//结束字符 Ctrl+Z
}


/* * * * * * * * * * * * * * * * * * * * * * * * * * * * * * * * * *
//函数名称:void Autoss(void)
```

```
//函数功能: 发送报警短信
//参数:void
//返回值:void
//* * * * * * * * * * * * * * * * * * * * * * * * * * * * * * * * * * * * * * /
void Autoss(void)
{
uchar i;
    for(i=0;i<19;i++)
    {
        send_tc35hex(AT_alarm[i]);
    }
    send_tc35hex(0x0D);
    DELAY1S(3);                 //等待返回">"
    if(buf_full ! = 0)
    {
        if(lock){               //如果定位成功,则发送定位信息
          send_tc35hex(JD_a);
          for(i=0;i<3;i++)
            {
              send_tc35hex(JD[i]);
            }
          sendtc35asc(".");
          for(i=3;i<5;i++)
          {
              send_tc35hex(JD[i]);
          }
          for(i=6;i<10;i++)
          {
              send_tc35hex(JD[i]);
          }
        sendtc35asc("  ");
        send_tc35hex(WD_a);
        for(i=0;i<2;i++)
        {
            send_tc35hex(WD[i]);
        }
        sendtc35asc(".");
        for(i=2;i<4;i++)
        {
            send_tc35hex(WD[i]);
        }
        for(i=5;i<9;i++)
        {
```

```
            send_tc35hex(WD[i]);
        }
        sendtc35asc("  ");
        lock = 0;
      }
      buf_full = 0;
    }
    else sendtc35asc(nosignal);DELAY1S(1);
    send_tc35hex(0x1A);            //结束字符 Ctrl+Z
}


/* * * * * * * * * * * * * * * * * * * * * * * * * * * * * * * * * * *
//函数名称:void CheckLocation(void)
//函数功能:检查位置异常函数
//参数:void
//返回值:1—物体移动超过 500m,0—未移动超过 500m
//* * * * * * * * * * * * * * * * * * * * * * * * * * * * * * * * * * */
uchar CheckLocation(void){
    static bit fst = 0;
    static double xdata jddot = 0;
    static double xdata wddot = 0;
        double detjd = 0;
    double detwd = 0;
    if(! fst){
    if(buf_full ! = 0){
    jddot = (JD[0]-'0') * 360000 * 25.5783+(JD[1]-'0') * 36000 * 25.5783+(JD[2]-'0')
* 3600 * 25.5783+((JD[3]-'0') * 10+(JD[4]-'0')+(JD[6]-'0') * 0.1+(JD[7]-'0') * 0.01+
(JD[8]-'0') * 0.001+(JD[9]-'0') * 0.0001) * 60 * 25.5783;
    wddot = (WD[0]-'0') * 36000 * 31.0278+(WD[1]-'0') * 3600 * 31.0278+((WD[2]-'0') *
10+(WD[3]-'0')+(WD[5]-'0') * 0.1+(WD[6]-'0') * 0.01+(WD[7]-'0') * 0.001+(WD[8]-'0') *
0.0001) * 60 * 31.0278;
        fst = 1;
      }
    }
  else{
    if( buf_full ! = 0){
    detjd = (JD[0]-'0') * 360000 * 25.5783+(JD[1]-'0') * 36000 * 25.5783+(JD[2]-'0') *
3600 * 25.5783+((JD[3]-'0') * 10+(JD[4]-'0')+(JD[6]-'0') * 0.1+(JD[7]-'0') * 0.01+(JD
[8]-'0') * 0.001+(JD[9]-'0') * 0.0001) * 60 * 25.5783-jddot;
    detwd = (WD[0]-'0') * 36000 * 31.0278+(WD[1]-'0') * 3600 * 31.0278+((WD[2]-'0') * 10
+(WD[3]-'0')+(WD[5]-'0') * 0.1+(WD[6]-'0') * 0.01+(WD[7]-'0') * 0.001+(WD[8]-'0') *
0.0001) * 60 * 31.0278-wddot;
        }
```

```
    }
    if(detwd>500||detjd>500||detwd<-500||detjd<-500){
        return 1;
    }
    else return 0;
}
```

（3）主程序文件 Main.c 中定义了每个所用到的串口初始化程序,在主函数中完成各模块的初始化并循环读取 GPS 坐标信息,同时对放射源进行检测,并根据目标位置汇报相应数据。

Main.c 详细代码如下:

```
#include<STC_12c5a.H>
#include<intrins.h>
#include <string.h>
#include "head.h"
#define uint unsigned int
#define uchar unsigned char
sbit led =P0^0;
sbit led2 =P0^1;
sbit led3 =P0^2;
uint idata sendtime=2;
bit idata newmsg=0;
bit asflag = 0;
//GSM 中定义的全局变量
extern uchar idata SystemBuf[90];
extern uchar idata Rx;
/* * * * * * * * * * * * * * * * * * * * * * * * * * * * * * * * * *
//函数功能:GPS 串口 UART0 初始化波特率: 4800b/s,晶振:11.0592MHz
//函数名称: void UartInit(void)
//参数:void
//返回值:void
//* * * * * * * * * * * * * * * * * * * * * * * * * * * * * * * * * * * */
void Uart0Init(void)
{
    EA=0;
    PCON &= 0x7f;               //波特率不倍速
    SCON = 0x50;               //8b 数据,可变波特率
    AUXR &= 0xbf;              //定时器 1 时钟为 Fosc/12,即 12T
    AUXR &= 0xfe;              //串口 1 选择定时器 1 为波特率发生器
    TMOD &= 0x0f;             //清除定时器 1 模式位
    TMOD |= 0x20;            //设定定时器 1 为 8b 自动重装方式
    TL1 = 0xFA;              //设定定时初值
    TH1 = 0xFA;              //设定定时器重装值
```

```
    ET1 = 0;                        //禁止定时器1中断
    TR1 = 1;                        //启动定时器1
    PS = 0;
    IPH = IPH&0xEF;                 //设置GPS中断优先级为最低
    ES = 1;
    EA = 1;
}


/* * * * * * * * * * * * * * * * * * * * * * * * * * * * * * * * * * * *
//函数功能:GPS串口UART1初始化波特率: 4800b/s,晶振:11.0592MHz
//函数名称:void Uart1Init(void)
//参数:void
//返回值:void
//* * * * * * * * * * * * * * * * * * * * * * * * * * * * * * * * * * * /
void Uart1Init(void)
{
    EA = 0;
    AUXR &= 0xf7;                   //波特率不倍速
    S2CON = 0x50;                   //8b数据,可变波特率
    BRT = 0xFD;                     //设定独立波特率发生器重装值
    AUXR &= 0xfb;                   //独立波特率发生器时钟为Fosc/12,即12T
    AUXR |= 0x10;                   //启动独立波特率发生器
    IE2 = IE2 |0x01;                //开串口中断
    IPH2 = IPH2 |0x01;
    IP2 = IP2 |0x01;                //设置GSM串口中断优先级为最高
    EA = 1;
}


/* * * * * * * * * * * * * * * * * * * * * * * * * * * * * * * * * * *
//函数功能:串口0初始用于自动发送位置短信方式1,16b50000μs
//函数名称:void Time0Init(void)
//参数:void
//返回值:void
//* * * * * * * * * * * * * * * * * * * * * * * * * * * * * * * * * * * /
void Time0Init(void){
    TMOD &= 0xf0;                   //清除定时器0模式位
    TMOD |= 0x01;                   //设定定时器0为16b自动重装方式
    TH0 = 0x4C;
    TL0 = 0x00;
    EA = 1;
    ET0 = 1;
    TR0 = 1;
}
```

```
/* * * * * * * * * * * * * * * * * * * * * * * * * * * * * * * * * *
//函数功能:GPS 串口 0 发送 hex 数据
//函数名称: void send_gpshex(unsigned char i)
//参数:void
//返回值:void
//* * * * * * * * * * * * * * * * * * * * * * * * * * * * * * * * * * * */
/*
void send_gpshex(unsigned char i)        //往 GPS 口发送 hex 数据
{
    ES = 0;                              //关串口中断
    TI = 0;                             //清零串口发送完成中断请求标志
    SBUF = i;
    while(TI = =0);                     //等待发送完成
    TI =0;                             //清零串口发送完成中断请求标志
    ES =1;                            //允许串口中断
}


/* * * * * * * * * * * * * * * * * * * * * * * * * * * * * * * * * * *
//函数功能:GPS 串口 0 发送字符串数据
//函数名称: void sendgpsasc(unsigned char * s)
//参数:void
//返回值:void
//* * * * * * * * * * * * * * * * * * * * * * * * * * * * * * * * * * * */
/*
void sendgpsasc(unsigned char * s)      //往 GPS 口发送字符串数据
{
    while( * s! ='\0')                   // \0 表示字符串结束标志
      {
      send_gpshex( * s);
      s++;
      }
}   * /


/* * * * * * * * * * * * * * * * * * * * * * * * * * * * * * * * * * *
//函数功能:GSM 串口 1 发送 hex 数据
//函数名称:void send_tc35hex(unsigned char i)
//参数:void
//返回值:void
//* * * * * * * * * * * * * * * * * * * * * * * * * * * * * * * * * * * */
void send_tc35hex(unsigned char i)      //往 tc35 口发送 hex 数据
{
    unsigned char temp = 0;
```

```
    IE2 = 0x00;                        //关串口 2 中断,es2 = 0
    S2CON = S2CON & 0xFD;              //清零串口 2 发送完成中断请求标志
    S2BUF = i;
    do{
      temp = S2CON;
      temp = temp & 0x02;
      }while(temp = = 0);
    S2CON = S2CON & 0xFD;              //清零串口 2 发送完成中断请求标志
    IE2 = 0x01;                        //允许串口 2 中断,ES2 = 1
}
```

```
/* * * * * * * * * * * * * * * * * * * * * * * * * * * * * * * * * * * *
//函数功能:GSM 串口 1 发送字符串数据
//函数名称:void sendtc35asc(unsigned char * s)
//参数:void
//返回值:void
//* * * * * * * * * * * * * * * * * * * * * * * * * * * * * * * * * * * * /
void sendtc35asc(unsigned char * s)   //往 tc35 口发送字符串数据
{
    while( * s! = '\0')                // \0 表示字符串结束标志
    {
    send_tc35hex( * s);
    s++;
    }
}
```

```
/* * * * * * * * * * * * * * * * * * * * * * * * * * * * * * * * * * * *
//函数功能:串口服务程序,自动发送位置短信
//函数名称:void Timer0()
//参数:void
//返回值:void
//* * * * * * * * * * * * * * * * * * * * * * * * * * * * * * * * * * * * /
void Timer0(void) interrupt 1
{
static unsigned char count = 0;//定义静态变量 count
static unsigned char sec = 0;//定义静态变量 sec
static unsigned char min = 0;//定义静态变量 min
    TH0 = 0x4C;
    TL0 = 0x00;
    TR0 = 0;
    count++;
    if( count >= 20){
        count = 0;
```

```
        sec++;
            if(sec == 60){
            sec = 0;
            min++;
            if(min >= sendtime){
              min = 0;
                led2 =! led2;
                asflag = 1;
          }
        }
      }
    TR0 = 1;
}


/* * * * * * * * * * * * * * * * * * * * * * * * * * * * * * * * * * *
//函数功能:主函数
//函数名称:main(void)
//参数:void
//返回值:void
//* * * * * * * * * * * * * * * * * * * * * * * * * * * * * * * * * * * * /
void main(){
    uchar msgcmd = 0;
    bit alarm = 0;
    led = 0;
    led2 = 0;
    led3 = 0;
    DELAY1S(1);                    //延时 20s
    Uart0Init();
    Uart1Init();                   //对两个串口进行初始化
    Time0Init();                   //定时器 0 进行初始化
    GsmInit();                     //对 GSM 模块 tc35 进行初始化
    led = 1;
    while(1){
      JudgeNewMessageCome();       //判断是否有新短信到来
      DELAY1MS(100);
      if(asflag){
          Autoss();                //发送位置信息
          asflag = 0;
      if(newmsg == 1){             //有短信
          ES = 0;                  //关 GPS 串口中断
          TR0 = 0;
          led = 0;
          ReadMessage();           //读短信内容
```

137

```
        DELAY1S(1);
        msgcmd=AnalyseMsg();           //解析短信命令
        if(msgcmd==1){                 //若命令为查询状态
            SendLocation();            //发送位置信息
            DeleteMessage();           //删除短信
            msgcmd=0;
        }
        else if(msgcmd==0){
            DeleteMessage();
            for(Rx=0;Rx<90;Rx++){
            SystemBuf[Rx]=0x00;        //每一次操作完成后对接收数组清零
            }
          Rx=0;
        }
        else{
            sendtime=msgcmd;           //设置自动发送时间
            DeleteMessage();           //删除短信
            msgcmd=0;
          }
        for(Rx=0;Rx<90;Rx++){
          SystemBuf[Rx]=0x00;          //每一次操作完成后对接收数组清零
          }
          Rx=0;
          newmsg=0;
          ES=1;
          TR0 = 1;
        }
        alarm =CheckLocation();        //检查位置函数
          if(alarm==1){
          SendAlarm();
          alarm=0;
          }
        DELAY1S(1);
      }
  }
```

5.3.2 Windows 端软件设计

在 Windows 端,利用 Visual Basic 开发设计软件,方便实现对目标放射源的控制及监测。

在软件端主要包含 3 个部分:串口部分、节点信息部分和 Google Map 部分。串口部分主要实现通信计算机串口初始化并选定使用串口、设定波特率以及显示方式,是实现控制的基础;节点信息部分主要将通过串口获取的放射源 GPS 节点信息显示出来;Google

Map 部分则通过编写 XML 代码调用 Google 地图将放射源位置加以显示。具体如图 5-7 所示。

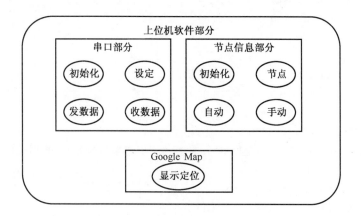

图 5-7　上位机软件主要功能划分

具体实现效果如图 5-8 所示。

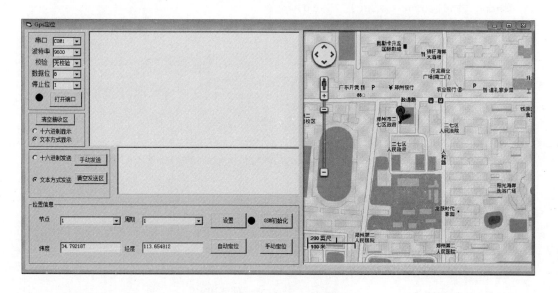

图 5-8　上位机软件示意图

上位机 Visual Basic 软件部分代码如下：

```
Private Declare Function ShellExecute Lib "shell32.dll" Alias "ShellExecuteA"
(ByValhwnd As Long, ByVallpOperation As String, ByVallpFile As String,
ByVallpParameters As String, ByVallpDirectory As String, ByValnShowCmd As Long)
As Long
Private Declare Sub Sleep Lib "kernel32" (ByValdwMilliseconds As Long)
Private Declare Function timeGetTime Lib "winmm.dll" () As Long
Private Declare Function Beep Lib " kernel32 " (ByValdwFreq As Long,
ByValdwDuration As Long) As Long
```

```
Private Sub Check1_Click()
If Check1.Value = 1 Then
intTime = Val(Text3.Text)
Timer1.interval = intTime
Timer1.Enabled = True
Else
Timer1.Enabled = False
End If
End Sub
Private Sub Combo1_Click()
If Combo1.ListIndex + 1 <>com_last_num Then    '选的端口与上次一样时不检测
    '先关闭上一个打开的端口
    If com_last_open_num<> 0 Then
    MSComm1.PortOpen = False
    End If
    If Test_COM(Combo1.ListIndex + 1) = True Then
    Command1.Caption = "关闭端口"
    Shape1.FillColor = RGB(0, 255, 0)
    If Combo3.Text = "无校验" Then
    jiaoyan = "N"
    ElseIf Combo3.Text = "奇校验" Then
    jiaoyan = "O"
    ElseIf Combo3.Text = "偶校验" Then
    jiaoyan = "E"
    End If
    com_setting=Combo2.Text+","+jiaoyan+","+Combo4.Text+","+Combo5.Text
    'Text1.Text = com_setting
    initial_com (Combo1.ListIndex + 1)
    com_last_open_num = Combo1.ListIndex + 1
    Else
    Command1.Caption = "打开端口"
    Shape1.FillColor = RGB(0, 0, 0)
    com_last_open_num = 0                    '注意此处要清零
    End If
    com_last_num = Combo1.ListIndex + 1
End If
End Sub
Private Sub Combo2_Click()
    On Error GoToerRH
    If MSComm1.PortOpen = True Then MSComm1.PortOpen = False
gSettings = Combo2.Text &",n," & Combo4.Text & "," & Combo5.Text
If Command1.Caption = "关闭端口" Then
    MSComm1.Settings = gSettings
```

```
    gComport = Val(Right(Combo1.Text, 1))
    MSComm1.CommPort = gComport
    MSComm1.PortOpen = True
Else
    gComport = Val(Right(Combo1.Text, 1))
    MSComm1.Settings = gSettings
    MSComm1.CommPort = gComport
    MSComm1.PortOpen = True
    End If
    Exit Sub
erRH:
    MsgBox Err.Description, , "提示窗口"
End Sub
Private Sub Command1_Click()
    On Error GoToerRH
    gSettings = Combo2.Text &",n," & Combo4.Text & "," & Combo5.Text
    MSComm1.Settings = gSettings
    gComport = Val(Right(Combo1.Text, 1))
    If Command1.Caption = "关闭端口" Then
      MSComm1.PortOpen = False
      Command1.Caption = "打开端口"
      Shape1.FillColor = RGB(0, 0, 0)
      com_last_open_num = 0
    Else
      If Test_COM(Combo1.ListIndex + 1) = True Then
        MSComm1.CommPort = gComport
        MSComm1.PortOpen = True
        Command1.Caption = "关闭端口"
        Shape1.FillColor = RGB(0, 255, 0)
        Timer2.Enabled = True
      End If
    End If
    Exit Sub
erRH:
    MsgBox Err.Description, , "提示窗口"
End Sub
'手动发送按钮'
Private Sub Command2_Click()
Call Timer1_Timer
End Sub
'gps 数据传递'
Private Sub Command3_Click()
    On Error Resume Next
```

```
'------------------------------------------------
Dim xmldoc As DOMDocument
Dim proinst As IXMLDOMProcessingInstruction
Dim rootelement As IXMLDOMElement
Dim aelement As IXMLDOMElement
'------------------------------------------------
Set xmldoc = New DOMDocument
 Set proinst = xmldoc.createProcessingInstruction ( " xml ", " version = ""
1.0""")
xmldoc.appendChildproinst
'------------------------------------------------
Set rootelement = xmldoc.createElement("wroot")
Set xmldoc.documentElement = rootelement
'------------------------------------------------------
Set aelement = xmldoc.createElement("Latitude")
'aelement.nodeTypedValue = Me.Text1.Text
aelement.nodeTypedValue = Text4.Text
rootelement.appendChildaelement
Set aelement = xmldoc.createElement("longitutde")
'aelement.nodeTypedValue = Me.Text2.Text
aelement.nodeTypedValue = text5.Text
rootelement.appendChildaelement
rootelement.appendChildaelement
xmldoc.saveApp.Path& " \testWebStudents.xml"
'MsgBox (App.Path& " \testWebStudents.xml")
WebBrowser1.Navigate App.Path& " \main.html"
End Sub
'清空接收区'
Private Sub Command4_Click()
Text1.Text = ""
End Sub
'设置自动查询周期'
Private Sub Command5_Click()
    Text1.Text = ""
    intOutMode = 1
    If Combo7.Text = 2 Then            '选择节点'
    strSendText = "xxxx"               '节点手机号,如138xxxxxxxx
    send1 = send(strSendText)
    delay (500)
    strSendText = Hex(Asc(Combo6.Text))
    send1 = send(strSendText)
    delay (500)
    strSendText = "1A"
```

142

```
    send1 = send(strSendText)        '下接短信发送成功判断
    delay (3000)
    MsgBox "设置成功", , "提示窗口"
    Else
    strSendText = "xxxx"             '节点手机号
    send1 = send(strSendText)
    delay (500)
    strSendText = Hex(Asc(Combo6.Text))
    send1 = send(strSendText)
    delay (500)
    strSendText = "1A"
    send1 = send(strSendText)        '下接短信发送成功判断
    delay (3000)
    compare (Text1.Text)
    MsgBox "设置成功", , "提示窗口"
    End If
    Text1.Text = ""
End Sub
'上位机 TC35 初始化'
Private Sub Command6_Click()
    strSendText = "41540D"
    send1 = send(strSendText)
    delay (500)
    Text1.Text = ""
    strSendText = "4154450D"
    send1 = send(strSendText)
    delay (500)
  Text1.Text = ""
    strSendText = "xxxx"
    send1 = send(strSendText)
    delay (500)
  Text1.Text = ""
    strSendText = "xxxx"
    send1 = send(strSendText)
    delay (500)
  Text1.Text = ""
  strSendText = "41542B435343413D2B383631333830303337313530300D"
'XX 移动中心号设置
    send1 = send(strSendText)
    delay (500)
  Text1.Text = ""
    strSendText = "41542B434D47463D310D"
    send1 = send(strSendText)
```

```
      delay (500)
compare (Text1.Text)
   Text1.Text = ""
If a(3) = "O" Then MsgBox ("初始化成功"),,"提示窗口"
              Else:MsgBox ("未能初始化"),,"提示窗口"
End Sub
'对接收区数据进行处理
Function compare(comString As String) As Integer
    ReDima(1 To Len(comString)) As String
    For i = 1 To Len(comString)
    a(i) = Mid(Text1.Text, i, 1)
    Next i
End Function
'延时函数'
Function delay(interval As Integer) As Integer
  Dim savtime As Double
    Savetime = timeGetTime
While timeGetTime<Savetime + interval
    DoEvents
    Wend
End Function
Function send(strText As String) As Integer
    MSComm1.InBufferCount = 0                  '清空接收缓冲区
    MSComm1.OutBufferCount = 0                 '清空发送缓冲区
longth = strHexToByteArray(strSendText, bytSendByte())
    If longth> 0 Then
        MSComm1.Output = bytSendByte
    End If
End Function
'自动查询位置'
Private Sub Command7_Click()
    intOutMode = 1
    'strSendText = "xxxx"                      'xxxx 为手机号对应编码
    'strSendText = "xxxx"                      'xxxx 为手机号对应编码
    If Combo7.Text = 2 Then
    strSendText = "xxxx"                       'xxxx 为手机号对应编码
    send1 = send(strSendText)
    delay (500)
    strSendText = "63636363"
    send1 = send(strSendText)
    delay (500)
    strSendText = "1A"
    send1 = send(strSendText)
```

```vb
    Else
        strSendText = "xxxx"                        'xxxx 为手机号对应编码
        send1 = send(strSendText)
        delay (500)
        strSendText = "63636363"
        send1 = send(strSendText)
        delay (500)
        strSendText = "1A"
        send1 = send(strSendText)
        delay (1000)
    End If
    Text1.Text = ""
End Sub
Private Sub Form_Load()
'界面初始化'
Combo1.Text = "COM1"
Combo1.AddItem "COM5"
Combo1.AddItem "COM6"
Combo1.AddItem "COM7"
Combo2.Text = "9600"
Combo3.Text = "无校验"
Combo4.Text = "8"
Combo5.Text = "1"
Combo6.Text = "1"
Combo7.Text = "1"
Option2.Value = True
Option4.Value = True
Combo6.AddItem "1"
Combo6.AddItem "2"
Combo6.AddItem "3"
Combo6.AddItem "4"
Combo6.AddItem "5"
Combo6.AddItem "6"
Combo6.AddItem "7"
Combo6.AddItem "8"
Combo6.AddItem "9"
Combo6.AddItem "10"
Combo7.AddItem "1"
Combo7.AddItem "2"
'初始化变量'
com_last_num = 0                                    '上一个串口号为 1
If Test_COM(1) = True Then
Command1.Caption = "关闭端口"
```

```
Shape1.FillColor = RGB(0, 255, 0)
com_setting = "9600,N,8,1"
com_last_open_num = 1                          '表示端口1打开
initial_com (1)
Else
Command1.Caption = "打开端口"
Shape1.FillColor = RGB(0, 0, 0)
com_last_open_num = 0                           '表示没有端口打开
End If
com_last_num = 1
End Sub
'检测端口号函数'
Private Function Test_COM(com_num As Integer) As Boolean
If com_num<>com_last_num Or Command1.Caption = "打开端口" Then
    On Error GoToComm_Error
        MSComm1.CommPort = com_num   '这里接收传入的串口号
        MSComm1.PortOpen = True
        MSComm1.PortOpen = False
        Test_COM = True
        '如果操作成功,则说明当前串口可用,返回1,表示串口可用
    Exit Function
Comm_Error:
        If Err.Number = 8002 Then
            MsgBox "串口不存在!",,"提示窗口"
        ElseIfErr.Number = 8005 Then
            MsgBox "串口已打开!",,"提示窗口"
        Else
            MsgBox "其他错误",,"提示窗口"
        End If
        Test_COM = False                       '如果出错,则返回0
    Exit Function
    Resume Next
End If
End Function
'端口初始化子程序'
Private Sub initial_com(com_num As Integer)
MSComm1.CommPort = com_num
MSComm1.OutBufferSize = 1024
MSComm1.InBufferSize = 1024
MSComm1.InputMode = 1
MSComm1.InputLen = 0
MSComm1.InBufferCount = 0
MSComm1.SThreshold = 1
```

146

```
MSComm1.RThreshold = 1
MSComm1.Settings = com_setting
MSComm1.PortOpen = True
End Sub
'* * * * * * * * * * * * * * * * * * * * * * * * * * * * * * *
'字符表示的十六进制数转化为相应的整数
'错误则返回　-1
'* * * * * * * * * * * * * * * * * * * * * * * * * * * * * * *
Function ConvertHexChr(str As String) As Integer
    Dim test As Integer
    test = Asc(str)
    If test >= Asc("0") And test <= Asc("9") Then
        test = test - Asc("0")
    ElseIf test >= Asc("a") And test <= Asc("f") Then
        test = test - Asc("a") + 10
    ElseIf test >= Asc("A") And test <= Asc("F") Then
        test = test - Asc("A") + 10
    Else
        test = -1'        出错信息
    End If
    ConvertHexChr = test
End Function
'* * * * * * * * * * * * * * * * * * * * * * * * * * * * * * *
'字符串表示的十六进制数据转化为相应的字节串
'返回转化后的字节数
'* * * * * * * * * * * * * * * * * * * * * * * * * * * * * * *
Function strHexToByteArray(strText As String, bytByte() As Byte) As Integer
    Dim HexData As Integer          '十六进制(二进制)数据字节对应值
    Dim hstr As String * 1          '高位字符
    Dim lstr As String * 1          '低位字符
    Dim HighHexData As Integer      '高位数值
    Dim LowHexData As Integer       '低位数值
    Dim HexDataLen As Integer       '字节数
    Dim StringLen As Integer        '字符串长度
    Dim Account As Integer          '计数
    strTestn = ""                   '设初值
    HexDataLen = 0
    strHexToByteArray = 0
    StringLen = Len(strText)
    Account = StringLen \2
    ReDimbytByte(Account)
    For n = 1 To StringLen
        Do                          '清除空格
```

147

```
            hstr = Mid(strText, n, 1)
            n = n + 1
            If (n - 1) >StringLen Then
                HexDataLen = HexDataLen - 1
              Exit For
              End If
          Loop While hstr = " "
          Do
            lstr = Mid(strText, n, 1)
            n = n + 1
            If (n - 1) >StringLen Then
                HexDataLen = HexDataLen - 1
              Exit For
              End If
        Loop While lstr = " "
        n = n - 1
        If n >StringLen Then
            HexDataLen = HexDataLen - 1
            Exit For
        End If
        HighHexData = ConvertHexChr(hstr)
        LowHexData = ConvertHexChr(lstr)
        If HighHexData = -1 Or LowHexData = -1 Then '遇到非法字符中断转化
            HexDataLen = HexDataLen - 1
            Exit For
        Else
            HexData = HighHexData * 16 + LowHexData
            bytByte(HexDataLen) = HexData
            HexDataLen = HexDataLen + 1
        End If
    Next n
    If HexDataLen> 0 Then                    '修正最后一次循环改变的数值
        HexDataLen = HexDataLen - 1
        ReDim Preserve bytByte(HexDataLen)
    Else
        ReDim Preserve bytByte(0)
    End If
    If StringLen = 0 Then                    '如果是空串,则不进入循环体
        strHexToByteArray = 0
    Else
        strHexToByteArray = HexDataLen + 1
    End If
End Function
```

148

```
'发送信息'
Private Sub Timer1_Timer()
    Dim longth As Integer
    If Option3.Value = True Then
    intOutMode = 1
    MSComm1.InputMode = comInputModeBinary
    Else
    intOutMode = 0
    MSComm1.InputMode = comInputModeText
    End If
    strSendText = Text2.Text
    If intOutMode = 0 Then
        MSComm1.InBufferCount = 0      '清空接收缓冲区
        MSComm1.OutBufferCount = 0     '清空发送缓冲区
        MSComm1.Output = strSendText&vbCrLf
        Do                             '直到指令发送完毕
          DoEvents
        Loop Until MSComm1.OutBufferCount = 0
        Else
        MSComm1.InBufferCount = 0      '清空接收缓冲区
        MSComm1.OutBufferCount = 0     '清空发送缓冲区
        longth = strHexToByteArray(strSendText, bytSendByte())
        If longth> 0 Then
            MSComm1.Output = bytSendByte
        End If
    End If
End Sub
'串口通信控件设置'
Private Sub MSComm1_OnComm()
    Dim bytInput() As Byte
    Dim intInputLen As Integer
    Dim n As Integer
    Dim testString As String
    Select Case MSComm1.CommEvent
        Case comEvReceive
            If Option1.Value = True Then
            MSComm1.InputMode = 1     '0:文本方式,1:二进制方式
            Else
            MSComm1.InputMode = 0     '0:文本方式,1:二进制方式
            End If
                intInputLen = MSComm1.InBufferCount
            bytInput = MSComm1.Input
            If Option1.Value = True Then
```

```
            For n = 0 To intInputLen - 1
                Text1.Text = Trim(Text1.Text) & " " &IIf(Len(Hex$(bytInput(n)))>1,
                        Hex$(bytInput(n)), "0" & Hex$(bytInput(n)))
            Next n
            Else
            testString = bytInput
            Text1.Text = Text1.Text + testString
            End If
        End Select
End Sub
'对接收短信进行读取和判断'
Private Sub Timer2_Timer()
Dim b As String
Dim c As Integer
        c = Len(Text1.Text)
    Select Case c
    Case Is > 15
        compare (Text1.Text)
        If a(6) & a(7) = "TI" Then
            b = a(15) & a(16)
            Text1.Text = ""
        strSendText = "AT+CMGR=" + b
        MSComm1.InBufferCount = 0      '清空接收缓冲区
        MSComm1.OutBufferCount = 0     '清空发送缓冲区
        MSComm1.Output = strSendText&vbCrLf
        Do                             '直到指令发送完毕
            DoEvents
        Loop Until MSComm1.OutBufferCount = 0
    delay (1500)
        compare (Text1.Text)
        Text1.Text = ""
        strSendText = "AT+CMGD=" + b
        intOutMode = 0
        MSComm1.InBufferCount = 0      '清空接收缓冲区
        MSComm1.OutBufferCount = 0     '清空发送缓冲区
        MSComm1.Output = strSendText&vbCrLf
            Do                         '直到指令发送完毕
                DoEvents
            Loop Until MSComm1.OutBufferCount = 0
        delay (700)
        Text1.Text = ""
        Select Case Asc(a(65))
        Case 69
```

```
d=str(Val(a(70) & a(71) & "." & a(72) & a(73) & a(74) & a(75)) /60 + 0.0053)
'gps 数据修正'
E = Mid(d, 3, 10)
text5.Text = a(66) & a(67) & a(68) & a(69) & E      '短信未读情况
d=str(Val(a(82) & a(83) & "." & a(84) & a(85) & a(86) & a(87)) /60-0.00009)
'gps 数据修正'
E = Mid(d, 3, 10)
Text4.Text = a(79) & a(80) & a(81) & E
Call Command3_Click
Case 78
MsgBox "无法获得位置信息", , "提示窗口"
Case 83
'WindowsMediaPlayer1.url = ".. \报警声 .wav"  '指定警报声目录
WindowsMediaPlayer1.url = App.Path& "\报警声 .wav"
WindowsMediaPlayer1.Settings.playCount = 3
'Timer1.enable = ture
For i = 0 To 100
        Shape2.FillColor = RGB(255, 0, 0)
        delay (100)
        Shape2.FillColor = RGB(255, 255, 255)
        delay (100)
        Next i
End Select
Else
Text1.Text = ""
End If
End Select
End Sub
```

5.4　小　　结

该项目由本科生合作完成,具有一定的应用价值,作品实物图如图 5-9 所示。作品的主要功能特点如下:

(1) 利用 GSM 模块的短信功能将 GPS 数据向控制中心报告。

(2) 不需要人员实时监控,可实现位置查询和失窃报警功能。

(3) 有机地整合了单片机、GPS、GSM 模块,构成一个实用、高效的放射源远程监控系统。

(4) 具有计算机及手机双版本监控软件,监控更加简单、高效。

由于该系统体积小、质量轻,具有自动监控、查询定位以及自动报警等优点,所以应用在放射源的实时监控上是非常方便的,同时也具有很多的拓展应用空间,例如应用于车辆监控或其他较大的贵重物品监控等。

图 5-9　作品实物图

　　本作品虽小,但作品中硬件设计与软件设计相结合的方法具有一般性,读者可以认真体会,最好能动手实践。

第6章　电子设计竞赛及获奖优秀作品实例

本章主要介绍全国大学生与研究生电子设计竞赛的基本情况,给出了获得全国一等奖等优秀作品的设计实例。

6.1　电子设计竞赛简介

6.1.1　全国大学生电子设计竞赛

全国大学生电子设计竞赛是教育部倡导的大学生学科竞赛之一,是面向大学生的群众性科技活动,目的在于推动高等学校信息与电子类学科课程体系和课程内容的改革,有助于高等学校实施素质教育,培养大学生的实践创新意识与基本能力、团队协作的人文精神和理论联系实际的学风;有助于培养学生的工程实践素质、提高学生针对实际问题进行电子设计制作的能力;有助于吸引、鼓励广大青年学生踊跃参加课外科技活动,为优秀人才的脱颖而出创造条件。

全国大学生电子设计竞赛每逢单数年的暑期举办,赛期4天。竞赛采用全国统一命题、分赛区组织,以"半封闭、相对集中"的方式进行。每支参赛队由3名学生组成,竞赛期间学生可以查阅有关纸介或网络技术资料,队内学生可以集体商讨设计思想,确定设计方案,分工负责、团结协作,以队为基本单位独立完成竞赛任务;竞赛所需设备、元器件等均由各参赛学校负责提供。

竞赛内容方面:

(1) 以电子电路(含模拟和数字电路)应用设计为主要内容,可以涉及模—数混合电路、单片机、可编程器件、EDA软件工具和PC机(主要用于开发)的应用。题目包括"理论设计"和"实际制作与调试"两部分。竞赛题目具有实际意义和应用背景,并考虑到目前教学的基本内容和新技术的应用趋势,同时对教学内容和课程体系改革起一定的引导作用。

(2) 题目着重考核学生综合运用基础知识进行理论设计的能力,考核学生的创新精神和独立工作能力,考核学生的实验技能(制作、调试)。

(3) 题目在难易程度方面,既考虑使一般参赛学生能在规定的时间内完成基本要求,又能使优秀学生有发挥与创新的余地。

具体情况请参考全国大学生电子设计竞赛官网。

6.1.2　中国研究生电子设计竞赛

中国研究生电子设计竞赛(以下简称"研电赛")是由教育部学位与研究生教育发展中心、全国工程专业学位研究生教育指导委员会、中国电子学会联合主办的研究生学科竞赛,是学位中心主办的"中国研究生创新实践系列大赛"主题赛事之一。

研电赛是面向全国在读研究生的一项团体性电子设计创新创意实践活动。目的在于推动信息与电子类研究生培养模式改革与创新,培养研究生创新精神、研究与系统实现能力、团队协作精神,提高研究生工程实践能力,推进人才培养和技术研发的国际化,为优秀人才培养搭建交流平台、成果展示平台和产学研用对接平台。

研电赛每两年举办一次,自2014年第九届竞赛开始,改为一年举办一次。自1996年首届竞赛由清华大学发起并举办以来,始终坚持"激励创新、鼓励创业、提高素质、强化实践"的宗旨,经过20多年的发展,竞赛覆盖了全国大部分电子信息类研究生培养高校及科研院所,并吸引了港澳台地区和亚太地区的代表队参赛,在促进青年创新人才成长、遴选优秀人才等方面发挥了积极作用,在广大高校乃至社会上产生了广泛而良好的影响。

以第十三届中国研究生电子设计竞赛为例,全国划分东北、华北、西北、华中、华东、上海、华南、西南等八大分赛区,分初赛、决赛两个阶段,分赛区初赛于2018年7月举行,决赛于2018年8月举行,分为技术竞赛和商业计划书专项赛两大部分,以参赛队为基本报名单位,成功报名的队伍达2437支,其中技术类竞赛1959支,商业技术书类竞赛478支,参赛单位235家。技术竞赛采用开放式命题与企业命题相结合的方式进行,由参赛队自主选择作品命题。评审重点考察作品的创意和创新性、技术实现以及团队综合能力。开放式命题分为以下7个参赛方向,参赛队可自行选择参赛方向:

(1)电路与嵌入式系统类:包括但不限于针对某一功能应用所开展的具有较强创新创意的电子电路软硬件设计、终端设备或嵌入式系统实现等,如基于FPGA、DSP、CPU、嵌入式系统等开发的软硬件系统、智能硬件、新型射频天线、并行处理系统、仪器仪表等。

(2)机电控制与智能制造类:包括但不限于实现自动控制与自主运行的创新创意通信网络应用模块或系统,如网络安全、无线通信、光纤通信、互联网、物联网、空间信息网、水下通信网络、工业控制网络、边缘计算等通信或网络设备、系统或软件等。

(3)通信与网络技术类:包括但不限于基于各种通信及网络技术研究开发的创新创意网络应用软件或系统,如网络安全、物联网、无线网、工业互联网等通信或网络设备、系统或软件等。

(4)信息感知系统与应用类:包括但不限于光电感知、传感器、微纳传感器与微机电系统、空间探测等传感与信息获取类软硬件系统,如工业传感、生物传感、生态环境传感、光电探测、遥感探测、定位导航等系统的设计与实现。

(5)信号和信息处理技术与系统类:包括但不限于视频、图像、语音、文本、频谱信号处理和信息处理、特征识别,以及信号检测及对抗的软硬件系统,如安防监控、音视频编解码、网络文本搜索与处理、雷达信号处理、信息对抗系统等。

(6)人工智能类:包括但不限于自然语言处理、机器视觉、深度学习、机器学习、大数据处理、群体智能、决策管理等技术的软硬件系统或智能应用,如智能机器人、智慧城市、智能医疗、智能安防、自动驾驶、智慧家居等。

(7)技术探索与交叉学科类:包括但不限于基于新材料、新器件、新工艺、新设计等构建的新型电子信息类软硬件系统,如面向生命健康、艺术创造、环境生态、清洁能源等的新型传感器、电子电路、处理器、通信网络设备、信息处理器以及应用系统等。

技术竞赛要求参赛队制作符合设计方案的演示实物,向组委会提交技术论文、演示视频和作品照片等电子文件。企业命题、商业计划书专项赛以及研电赛的具体参赛办法、作品要求、评审办法等详见中国研究生电子设计竞赛官网:www.gedc.net.cn。

6.2　作品 1　LC 谐振放大器

6.2.1　赛题要求

LC 谐振放大器(D 题)

一、任务

设计并制作一个 LC 谐振放大器。

二、要求

设计并制作一个低压、低功耗 LC 谐振放大器;为便于测试,在放大器的输入端插入一个 40dB 固定衰减器。电路框图如图 6-1 所示。

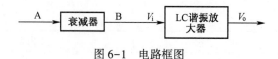

图 6-1　电路框图

1. 基本要求

(1) 衰减器指标:衰减量 40±2dB,特性阻抗 50Ω,频带与放大器相适应。

(2) 放大器指标:

① 谐振频率:$f_0 = 15\text{MHz}$;允许偏差±1000kHz;

② 增益:不小于 60dB;

③ −3dB 带宽:$2\Delta f_{0.7} = 300\text{kHz}$;带内波动不大于 2dB;

④ 输入电阻:$R_{in} = 50\Omega$;

⑤ 失真:负载电阻为 200Ω,输出电压 1V 时,波形无明显失真。

(3) 放大器使用 3.6V 稳压电源供电(电源自备)。最大不允许超过 360mW,尽可能减小功耗。

2. 发挥部分

(1) 在−3dB 带宽不变条件下,提高放大器增益到大于等于 80dB。

(2) 在最大增益情况下,尽可能减小矩形系数 $K_{r0.1}$。

(3) 设计一个自动增益控制(AGC)电路。AGC 控制范围大于 40dB。AGC 控制范围为 $20\lg(V_{omin}/V_{imin}) - 20\lg(V_{omax}/V_{imax})$(dB)。

(4) 其他。

三、说明

(1) 图 6-2 是 LC 谐振放大器的典型特性曲线,矩形系数 $K_{r0.1} = \dfrac{2\Delta f_{0.1}}{2\Delta f_{0.7}}$。

(2) 放大器幅频特性应在衰减器输入端信号小于 5mV 时测试(这时谐振放大器的输入 $V_i < 50\mu\text{V}$)。所有项目均在放大器输出接 200Ω 负载电阻条件下测量。

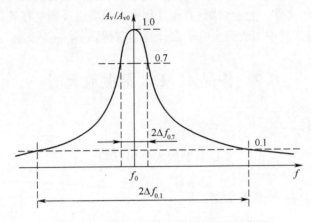

图 6-2　谐振放大器典型幅频特性示意图

（3）功耗的测试：应在输出电压为 1V 时测量。

（4）文中所有电压值均为有效值。

四、评分标准

	项目	主要内容	满分
设计 报告	方案论证	比较与选择 方案描述	3
	理论分析与计算	增益 AGC 带宽与矩形系数	6
	电路设计	完整电路图 输出最大不失真电压及功耗	6
	测试方案与测试结果	测试方法与仪器 测试结果及分析	3
	设计报告结构及规范性	摘要 设计报告正文的结构 图标的规范性	2
	总分		20
基本要求	实际制作完成情况		50
发挥 部分	完成第(1)项		15
	完成第(2)项		19
	完成第(3)项		10
	其他		6
	总分		50

6.2.2　全国一等奖作品

作品时间	2011 年全国大学生电子设计竞赛
参赛题目	LC 谐振放大器
参赛队员	张战韬、张东升、谢炜
赛前辅导教师	王斌、朱义君、田忠骏
文稿整理辅导教师	田忠骏
获奖等级	全国一等奖

摘要

本系统由衰减模块、谐振放大模块和 AGC 模块构成。衰减模块由 π 型电阻网络构成,衰减量为 40dB。谐振放大模块由五级以双栅场效应管 BF909R 为核心的 LC 混合调谐放大器组成,谐振频率为 15MHz,增益为 85dB,−3dB 带宽为 300kHz、矩形系数为 1.9。第五级输出信号经检波反馈至五级 BF909R 的 G2 栅极,完成了 48dB 的自动增益控制。由于采用了低功耗器件,系统功耗为 115mW。

关键字:LC 谐振放大;双栅场效应管;自动增益控制

一、方案设计与论证

(一) 衰减模块选择

1. 数控衰减器

多数数控衰减器能够在大动态范围内完成精确衰减。也可使用简单控制系统,与外围电路结合,实现数控衰减。但是由于使用了集成芯片,在一定程度上增加系统的功耗,且成本高,器件购买困难。

2. π 型电阻衰减网络

π 型电阻衰减网络利用电阻分压原理,由若干电阻搭建而成。该衰减网络无需控制、频带宽、输入输出阻抗稳定,工作频率宽,动态范围大,并且价格低廉。其增益误差由电阻的精度决定。

综合考虑功耗、频带与成本等因素,我们选择 π 型电阻衰减网络,衰减量为 40dB。

(二) 谐振放大模块选择

1. 放大器件选择

方案一:高频三极管

高频三极管进行谐振放大电路简单、噪声较小。但是稳定性较差,增益控制比较复杂。

方案二:集成调谐放大器

集成调谐放大器体积小,外部接线及焊点少,使电路的稳定性得以提高,且多数具备 AGC 功能。但是大多数该类芯片工作电压大于 3.6V,且由于时间紧张,符合题目要求的芯片较难找到。

方案三:双栅场效应管

双栅场效应管具备高跨导、高输入阻抗、低反馈电容、低失真、偏置电路简洁等优点,并且容易进行增益控制,能够在一定程度上提高调谐放大器的稳定性。

综合考虑稳定性、功耗、AGC 的实现等因素,我们选择双栅场效应管作为放大器件。它的缺点是在题目要求的工作频率下噪声相对较大。

2. 调谐方式选择

由于系统要求增益为 80dB,单级或者两级放大很难完成系统指标,且单级增益太大影响系统稳定性,因此考虑使用多级放大,具体的调谐方式有三种选择:

方案一:多级单调谐

多级单调谐放大器各级谐振频率相同,随着级联级数的增加,带宽减小,但是在级联两级以上后矩形系数改变较小。

方案二:多级双调谐

多级双调谐放大器各级采用相同的双回路,随着级联数的增加,矩形系数明显改善,带宽减小程度比单调谐放大器要小,但是使用的回路元件多,调谐过程也比较复杂。

方案三:混合调谐放大器

混合调谐放大器采用单调谐与多调谐组合的方式,能够在通频带为 300kHz 的同时得到较低的矩形系数,且相对于多级双调谐调试难度降低。

结合题目具体要求与实际效果,我们选择方案三。

(三)AGC 模块选择

本系统采用的双栅场效应管 BF909R,其两个栅极均能控制沟道电流,对输出信号进行检波后的直流电平经过简单运算后反馈至 G2 栅极,进而控制场效应管的增益,实现自动增益控制。

对输出信号进行检波主要有以下两种方案。

方案一:AD8361 检波

AD8361 输入输出线性较好,检波灵敏度高。但是 AD8361 的输入阻抗典型值为 225Ω,需要外加跟随器,外围电路比较复杂。

方案二:1N60 检波二极管检波

1N60 检波范围较大,且电路简单,功耗较低。

综合题目要求、电路复杂性与功耗等因素,我们选择使用 1N60 检波二极管实现检波,并使用两级 LM358 进行运算放大。

(四)总体方案描述

本方案主要由衰减器、五级放大器和自动增益控制模块构成,框图如图 6-3 所示。

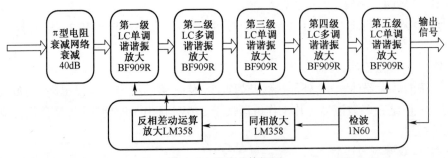

图 6-3　系统总体框图

输入的小信号经过一个固定衰减 40dB 的 π 型电阻衰减网络后,通过由双栅场效应管及 LC 谐振网络(并联电容与中频变压器)搭建的五级混合调谐谐振放大电路,总体增益为 85dB,通过调整各级工作点和 LC 谐振网络的具体参数使得谐振频率为 15MHz、−3dB 带宽为 300kHz、矩形系数为 1.9。输出信号经过检波、信号放大、反相差动运算后作用于各级双栅场效应管的 G2 栅极,进行自动增益控制,可控增益范围为 50dB。

二、理论分析与计算

(一) 增益分配与通频带

考虑到放大器的增益很大,为了保证稳定性采用多级放大的方式,本方案共有五级放大,各级增益分配如图 6-4 所示(无 AGC 控制模式下)。

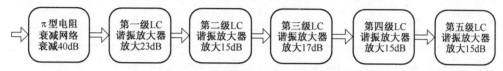

图 6-4　LC 谐振放大器各级增益分配

对于每一级放大器,增益和选择性是一对矛盾的参数,在保证电路稳定性的基础上尽量提供大的增益,同时由于采用了多级混合调谐方式,各级的调谐频率和通频带有一定微小差异,通过对各级电路参数的仔细调整,使得五级级联放大器的总体−3dB 带宽达到300kHz 左右。

(二) 放大电路指标计算

1. 单级增益和−3dB 带宽计算

双栅场效应管的高频小信号等效电路图见本作品后面的附录 1,根据如下理论计算方法确定各元件的具体数值。

电感线圈接入比:

$$P_1 = N_{12}/N_{13} = 1/2, P_2 = N_{45}/N_{13} = 3/8$$

总电导:

$$g_\Sigma = g_0 + g_L + g_{ds} \approx 0.08\text{mS}$$

其中,g_0 为线圈损耗;g_L、g_{ds} 分别是负载和漏极输出电导经变压器耦合折算的等效值。

总电容:

$$C_\Sigma = C_0 + C_{ds} \approx 101.8\text{pF}$$

其中,C_0 为谐振电路中的电容;C_{ds} 为源极和漏极的极间电容。

$$Q = \omega_0 C_\Sigma / g_\Sigma \approx 19.1$$

−3dB 带宽:

$$\text{BW} = f_0/Q = 785\text{kHz}$$

增益:

$$K = 20\lg(P_1 \cdot P_2 \cdot |y_{fs}|/(2\pi g_\Sigma)) \approx 16$$

其中,跨导 $|y_{fs}|$ 由芯片手册查得(具体对应图见本作品后面的附录 2),

$$V_{g2s} = 2.5\text{V}, V_{g1s} = 1.4\text{V}, |y_{fs}| \approx 20$$

2. 放大器总体指标计算

1) 总体增益

级联后的放大器总增益为

$$K = K_{01}K_{02}K_{03}K_{04}K_{05}$$

故在不考虑各级间耦合损耗的情况下总体增益为各级放大器增益之和(dB)。

2)带宽与矩形系数

本方案采用混合调谐谐振放大器,其中三级为单调谐放大器,两级为多调谐谐振放大器。在保证谐振回路器件 Q 值的条件下,矩形系数可参照多级双调谐放大器的带宽与矩形系数,如表6-1所示。

表6-1 多级双调谐放大器的带宽与矩形系数

级数 n	1	2	3	4
B_n/B_1	1.0	0.8	0.71	0.66
$K_{r0.1}$	3.15	2.16	1.9	1.8

本方案在三级单调谐与两级多调谐的情况下,矩形系数为1.9。

(三)AGC 计算

自动增益控制的目标是设定一个基准输出电平 U_{ref} 后,通过检测输出信号,自动调整放大电路的增益,使输出信号有效值稳定在基准电平 U_{ref} 上。根据本系统实际情况,确定输出电压有效值在 700mV 左右进行自动增益控制,使得输出信号电压有效值稳定。

本系统的自动增益控制范围是 50dB。当 AGC 电路的输入信号有效值 U_{AGCin} 小于等于基准电平 U_{ref} 时,不进行增益控制。若 U_{AGCin} 大于 U_{ref} 时,通过改变双栅场效应管 BF909R 的 G2 栅极电压,使各级放大器的增益改变。由于 BF909R 在放大状态下,加在 G2 栅极上的电压越大其增益越大,故对 AGC 电路的输入信号进行检波后,需要做差动运算反相放大,以获得 G2 栅极所需要的电压。

(四)低功耗设计

为满足本系统的低功耗要求,在系统设计上主要基于以下几点考虑:

(1)谐振放大器采用低功耗的 MOS 场效应管。

(2)谐振放大器不同级采用不同的增益,使每级谐振放大器在满足自身要求的前提下降低功耗。

(3)外围电路尽可能简洁,以减少不必要的损耗。

(4)尽量选择低功耗芯片,如 AGC 中使用低功耗运放。

通过以上4点,本系统获得了很好的功耗控制,最终实际测试中整体功耗为 115mW,为题目控制功率的 30%。

(五)放大器稳定性

由于电路工作频率高,级联级数多,所以稳定性易受影响,制作过程中也曾出现自激振荡现象。我们主要采取以下措施提高稳定性:

(1)选用双栅场效应管作放大器,双栅场效应管由于 G2 栅极接地的屏蔽作用,大大减小了引起不稳定的反馈电容,较单栅极场效应管稳定很多。

(2)根据双栅场效应管 BF909R 特性曲线,选择两个栅极最佳工作点,进而确定偏置电路,以保证双栅场效应管工作在最佳稳定状态。

(3)在总体设计上,各级谐振放大相对独立,以消除各级之间的相互影响。

(4)布线时考虑信号流向,防止级间干扰,并且采用正反两面布局,将 LC 谐振回路放置反面,用地隔离,每个 LC 谐振都使用屏蔽壳进行屏蔽。

（5）控制单级增益,避免单级增益过高而产生自激。

三、电路设计

（一）衰减器

衰减器由 π 型电阻衰减网络构成,能实现 40dB 衰减,具体电路如图 6-5 所示。

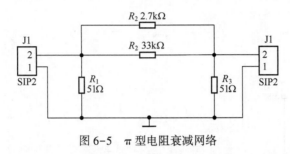

图 6-5　π 型电阻衰减网络

衰减网络的输入阻抗 R_{in}、输出阻抗 R_{out} 均为 50Ω,与前后电路匹配。

衰减器 $A = 40dB$,由设计公式计算元件参数：

$$\alpha = 10^{\frac{A}{10}} = 10000$$

$$R_s = Z_0 \frac{|\alpha - 1|}{2\sqrt{a}} = 2499.75\Omega$$

$$R_1 = R_3 = Z_0 \frac{\sqrt{a} + 1}{\sqrt{a} - 1} = 51.01\Omega$$

我们采用 2.7kΩ 与 3.3kΩ 电阻并联得到 R_s。

（二）单调谐谐振放大电路

单调谐谐振放大电路主要采用双栅场效应管 BF909R 与中周设计制作,如图 6-6 所示。

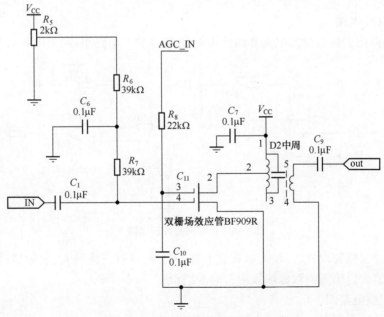

图 6-6　双栅场效应管谐振放大电路

信号通过 BF909R 的 G1 栅极输入,滑动变阻器 R_5 调节 G1 的直流偏置,改变单级增益。G2 外接 AGC 控制信号。信号经场效应管放大后通过漏极部分接入到 LC 谐振回路,通过变压器方式耦合至下一级。

(三)多调谐谐振放大电路

多调谐谐振放大电路采用三个 LC 谐振回路,如图 6-7 所示。

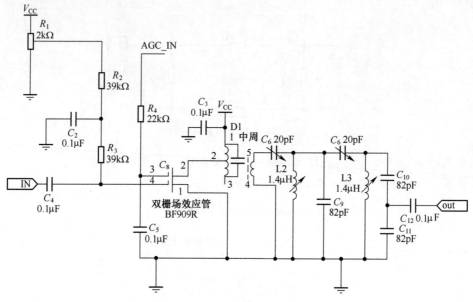

图 6-7　多调谐谐振放大电路

在单调谐谐振电路的基础上,信号输出经电容与后两级 LC 谐振回路耦合。明显改善了放大器的选择性,增加通频带,有效降低了矩形系数,较好地解决了带宽与选择性的矛盾。

(四)AGC 电路

AGC 电路由二极管检波电路和两级 LM358 级联放大电路组成,如图 6-8 所示。

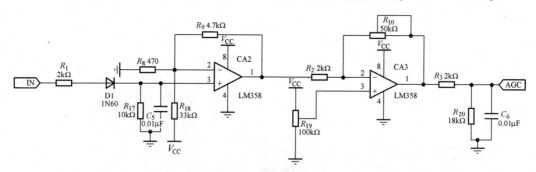

图 6-8　自动增益控制电路

信号经过二极管检波后,输入运算放大器 LM358,进行直流放大,之后经过 LM358 进行差动反相放大后输入到双栅场效应管的 G2 栅极。

(五)完整电路图

见本作品后面的附录 3。

四、测试方案与测试结果

（一）测试仪器

（1）IWATSU SS-7840 模拟 400MHz 示波器；

（2）HP 8656B 射频信号发生器；

（3）Agilent E4405B 频谱分析仪（内置跟踪源）；

（4）MOTECH LPS-305 直流电压源。

（二）测试方案和结果

1. 总体测试方案

采用扫频/频谱分析仪进行幅频特性测量,用示波器观察波形的失真与输出最大峰峰值,测试框图如图 6-9 所示。

图 6-9　测试方案框图

2. 衰减器测试

测试条件:输入信号 f=15MHz,测试不同输入下的输出指标。

$$衰减量=输入-输出$$

测试结果如表 6-2 所示。

表 6-2　衰减器衰减量测试

输入/dBm	−15	−18	−20	−22	−25
输出/dBm	−55	−58.1	−60.6	−61	−64
衰减量/dB	40	40.1	40.6	39	39

3. 放大器增益及输出幅度

测试条件:扫频中心频率为 15MHz,扫描宽度为±1MHz,测试不同输入下的输出信号大小。

测试结果如表 6-3 所示。

表 6-3　增益测量

输入信号/mV$_{rms}$	输出信号/mV$_{rms}$	增益/dB
1	194.0	85.76
2	396.3	85.94
3	587.6	85.84
4	604.0	83.58
5	979.4	85.84

调节信号幅度,测试最大不失真电压 V_{omax} = 1.3V。

当输出有效值为 1V 时,稳压源电流为 32mA,此时谐振放大器总体功耗为 115.2mW。

4. 幅频特性曲线测试

按照上述测试方案,扫频中心频率为 15MHz,扫描宽度为±1MHz,输入信号幅度为 −68dB,测试系统幅频特性曲线。中心频率、−3dB 带宽、−20dB 带宽等数据如图 6-10、图 6-11 和图 6-12 所示(图为调试过程中的幅频特性曲线)。

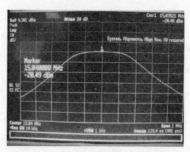

图 6-10　幅频特性中心频率点 f_0

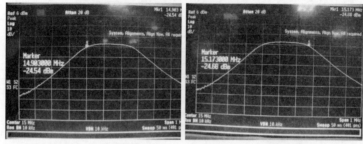

图 6-11　幅频特性 $-\Delta f_{0.7}$ 频率点与 $+\Delta f_{0.7}$ 频率点

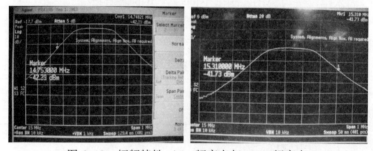

图 6-12　幅频特性 $-\Delta f_{0.1}$ 频率点与 $+\Delta f_{0.1}$ 频率点

由图得:放大器谐振频率为 15MHz,放大器增益为 90dB,-3dB 带宽为 290kHz,-20dB 带宽为 493kHz,矩形系数为 1.7。

5. AGC 指标测试

测试条件:扫频中心频率为 15MHz,扫描宽度为 ± 3MHz,开启 AGC 模式,测试不同输入下的输出信号大小。

测试结果如表 6-4 所示。

表 6-4　AGC 控制测量

输入信号/mV	输出信号/mV	增益/dB
1	388.9	51.80
2	565.7	49.03
50	569.3	21.13
100	576.3	15.21
200	568.9	9.08
300	594.0	5.93
400	601.3	3.54

由题知,根据 AGC 控制范围公式 $20\lg(V_{omin}/V_{imin}) - 20\lg(V_{omax}/V_{imax})$ 得 AGC 控制范围为 48.26dB。

(三) 测试结果分析

通过以上测试结果分析可得:

衰减器衰减量:40dB。

总体增益:85dB。

−3dB 带宽:300kHz。

最大不失真电压:1.3V。

功耗:115mW。

矩形系数:1.9。

AGC 控制范围:50dB。

本系统各项指标均达到题目要求,部分指标超过题目要求。

五、参考文献

[1] 张玉兴. 射频模拟电路[M]. 北京:电子工业出版社,2003.

[2] 杜武林. 高频电路原理与分析[M]. 西安:西安电子科技大学出版社,2001.

六、附录

附录 1　高频场效应管等效模型

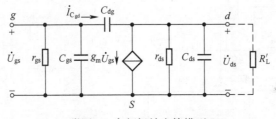

附图 1　高频场效应管模型

附录 2　双栅场效应管 BF909R 漏极电流、跨导和 G2 栅极电压的关系

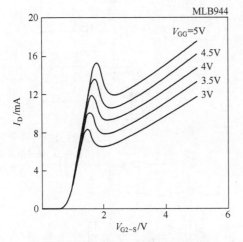

附图 2　漏极电流与栅源电压关系

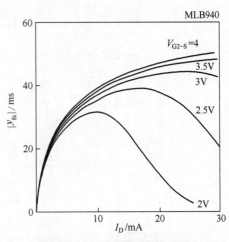

附图 3　跨导与漏极电流关系

附录 3　完整电路图

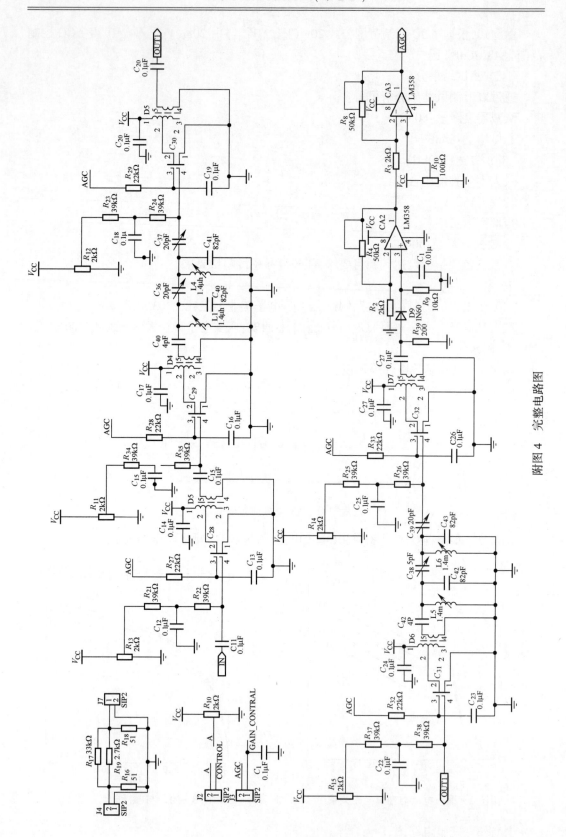

附图 4 完整电路图

6.3　作品 2　简易数字信号传输性能分析仪

6.3.1　赛题要求

简易数字信号传输性能分析仪(E 题)

一、任务

设计一个简易数字信号传输性能分析仪,实现数字信号传输性能测试;同时,设计三个低通滤波器和一个伪随机信号发生器用来模拟传输信道。

简易数字信号传输性能分析仪的框图如图 6-13 所示。图中,V_1 和 $V_{1-clock}$ 是数字信号发生器产生的数字信号和相应的时钟信号;V_2 是经过滤波器滤波后的输出信号;V_3 是伪随机信号发生器产生的伪随机信号;V_{2a} 是 V_2 信号与经过电容 C 的 V_3 信号之和,作为数字信号分析电路的输入信号;V_4 和 V_{4-syn} 是数字信号分析电路输出的信号和提取的同步信号。

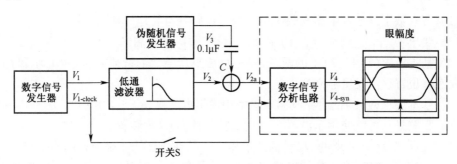

图 6-13　简易数字信号传输性能分析仪框图

二、要求

1. 基本要求

(1) 设计并制作一个数字信号发生器:

① 数字信号 V_1 为 $f_1(x) = 1 + x^2 + x^3 + x^4 + x^8$ 的 m 序列,其时钟信号为 $V_{1-clock}$;

② 数据率为 10~100Kb/s,按 10Kb/s 步进可调。数据率误差绝对值不大于 1%;

③ 输出信号为 TTL 电平。

(2) 设计三个低通滤波器,用来模拟传输信道的幅频特性:

① 每个滤波器带外衰减不少于 40dB/十倍频程;

② 三个滤波器的截止频率分别为 100kHz、200kHz、500kHz,截止频率误差绝对值不大于 10%;

③ 滤波器的通带增益 A_F 在 0.2~4.0 范围内可调。

(3) 设计一个伪随机信号发生器用来模拟信道噪声:

① 伪随机信号 V_3 为 $f_2(x) = 1 + x + x^4 + x^5 + x^{12}$ 的 m 序列;

② 数据率为 10Mb/s,误差绝对值不大于 1%;

③ 输出信号峰峰值为 100mV,误差绝对值不大于 10%。

(4) 利用数字信号发生器产生的时钟信号 $V_{1-clock}$ 进行同步,显示数字信号 V_{2a} 的信号眼图,并测试眼幅度。

2. 发挥部分

(1) 要求数字信号发生器输出 V_1 采用曼彻斯特编码。

(2) 要求数字信号分析电路能从 V_{2a} 中提取同步信号 V_{4-syn} 并输出;同时,利用所提取的同步信号 V_{4-syn} 进行同步,正确显示数字信号 V_{2a} 的信号眼图。

(3) 要求伪随机信号发生器输出信号 V_3 幅度可调, V_3 的峰峰值范围 100mV ~ TTL 电平。

(4) 改进数字信号分析电路,在尽量低的信噪比下能从 V_{2a} 中提取同步信号 V_{4-syn},并正确显示 V_{2a} 的信号眼图。

(5) 其他。

三、说明

(1) 在完成基本要求时,数字信号发生器的时钟信号 $V_{1-clock}$ 送给数字信号分析电路(如图 6-13 中开关 S 闭合);而在完成发挥部分时, $V_{1-clock}$ 不允许送给数字信号分析电路(开关 S 断开)。

(2) 要求数字信号发生器和数字信号分析电路各自制作一块电路板。

(3) 要求 V_1、$V_{1-clock}$、V_2、V_{2a}、V_3 和 V_{4-syn} 信号预留测试端口。

(4) 基本要求(1)和(3)中的两个 m 序列,根据所给定的特征多项式 $f_1(x)$ 和 $f_2(x)$,采用线性移位寄存器发生器来产生。

(5) 基本要求(2)的低通滤波器要求使用模拟电路实现。

(6) 眼图显示可以使用示波器,也可以使用自制的显示装置。

(7) 发挥部分(4)要求的"尽量低的信噪比",即在保证能正确提取同步信号 V_{4-syn} 前提下,尽量提高伪随机信号 V_3 的峰峰值,使其达到最大,此时数字信号分析电路的输入信号 V_{2a} 信噪比为允许的最低信噪比。

四、评分标准

	项目	主要内容	满分
设计 报告	方案论证	比较与选择 方案描述	2
	理论分析与计算	低通滤波器设计 m 序列数字信号 同步信号提取 眼图显示方法	6
	电路与程序设计	系统组成 原理框图与各部分的电路图 系统软件与流程图	6
	测试方案与测试结果	测试结果完整性 测试结果分析	4
	设计报告结构及规范性	摘要 正文结构规范 图表的完整与准确性	2
	总分		20

（续）

	项目	主要内容	满分
基本要求	实际制作完成情况		50
发挥 部分	完成第(1)项		8
	完成第(2)项		15
	完成第(3)项		6
	完成第(4)项		16
	其他		5
	总分		50

6.3.2　全国一等奖作品

作品时间	2011年全国大学生电子设计竞赛
参赛题目	简易数字信号传输性能分析仪
参赛队员	张知微、刘亚奇、赵泽亚
赛前辅导教师	欧阳喜、汪洋、马金全
文稿整理辅导教师	欧阳喜
获奖等级	全国一等奖

摘要

系统由数字信号发生、模拟信道和数字信号分析模块构成。数字信号发生模块由FPGA产生数字信号及噪声信号。模拟信道模块由有源滤波器和叠加电路构成。数字信号分析模块用DSP对含有噪声的信号进行滤波并提取同步信号,与DA输出的原信号同步进入示波器,产生眼图。系统电路结构简单,性能稳定,测试结果达到题目要求的各项指标。

关键字:FPGA;同步信号;DSP;眼图

一、系统方案论述

系统主要包括信号产生电路、模拟信道电路及信号分析电路三部分。信号产生电路部分实现数字信号、伪随机信号及编码信号的产生和电平变换功能。模拟信道电路实现低通滤波、信号放大和叠加等功能。信号分析电路实现了数字滤波和同步信号提取等功能,能够在低信噪比的情况下正确显示眼图,完成对数字信号传输性能的分析。

（一）低通滤波电路的比较与选择

方案一:集成滤波器芯片

采用集成滤波器芯片,准确度可以满足要求,但外部电路麻烦,实现较为复杂且价格高。

方案二:无源滤波器

无源滤波器是利用电容和电感元件的电抗随频率的变化而变化的原理构成的。电路简单,可靠性高,但通带内信号能量有损耗,滤波特性受系统参数影响大。

方案三:有源滤波器

有源滤波器通带内增益较为稳定,阻带衰减快,控制精度高,设计更具有灵活性且具有一定的放大功能。

本题所需要的通频带范围较窄,但对阻带衰减要求较高,有源滤波器能够满足要求,且外围电路简单,因此我们采用有源滤波器实现低通滤波。此外,由于题目要求的滤波器通带增益 A_F 可调,我们在滤波器后搭建了增益可变的放大模块,从而构成了增益可调的滤波电路。

(二) 信号产生方案的设计

题目要求产生数字信号 V_1 及伪随机信号 V_2。由于伪随机信号的数据率需要达到 10Mb/s,单片机或一般的 DSP 较难实现,因此使用 FPGA 产生数字信号及伪随机信号。

由于 FPGA 的输出信号电平为 3.3V,为实现题目要求的输出信号 TTL 电平,需要将 FPGA 输出电平进行变换,方案采用 74HC14 芯片实现该功能。

(三) 数字信号分析电路的设计

数字信号分析电路的核心是提取同步信号。首先将叠加的信号进行 AD 采样。然后进行数字滤波,提取同步信号,最后将同步信号及叠加的信号一起输出。由于用 DSP 处理数字信号速度快,具有浮点处理能力,精度高,且编程简单、环境友好,因此我们选用 DSP 来实现以上的功能(设计电路见本作品后面的附图 1)。

综上所述,系统总体实现框图如图 6-14 所示。

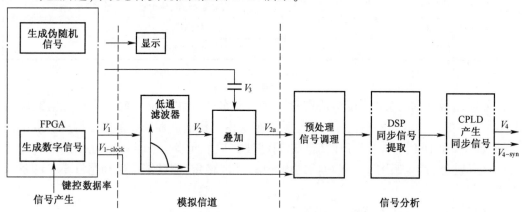

图 6-14　数字信号传输性能分析仪组成框图

二、理论分析与设计

(一) 低通滤波器设计

为了实现带外衰减不少于 40dB/十倍频程,滤波器至少采用两阶的低通有源滤波器。图 6-15 为二阶低通滤波器的原理图。改变比值 R_f/R_1 可获得所需要的增益。

通过分析电路上电压电流关系,可以得到该电路的频率特性关系:

$$A(s) = \frac{A(0)w_0^2}{s^2 + \dfrac{w_0}{Q}s + w_0^2}$$

其中,w_0 是滤波器的截止频率;$A(0)$ 表示同相放大器的低频增益;Q 表示滤波器的等效品质因数。截止频率与电阻电容的关系可以由下面的公式表示:

$$w_0 = \frac{1}{\sqrt{C_1 C_2 R_1 R_2}}$$

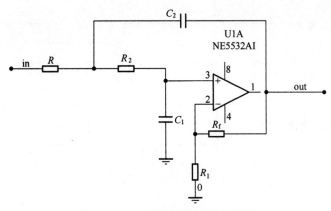

图 6-15　二阶低通滤波器原理图

为实现不小于 40dB/十倍频的截止频率和带外衰减的要求,我们采用了两个二阶的有源低通滤波器级联来构建四阶滤波器。根据以上表达式,可以计算出截止频率分别为 100kHz、200kHz 和 500kHz 的低通滤波器相关电路参数。

（二）m 序列数字信号

m 序列是由带线性反馈的移位寄存器产生的周期最长的序列。一般来说,在一个 n 级的二进制移位寄存器发生器中,所能产生的最大长度的码序周期为 $2^n - 1$（除去全 0 状态）。图 6-16 为一个 n 级线性反馈移位寄存器。c_i 表示反馈状态。$c_i = 0$ 表示反馈线断开,$c_i = 1$ 表示反馈线连通,反馈线的接线状态不同,就可以改变此移位寄存器序列的周期。

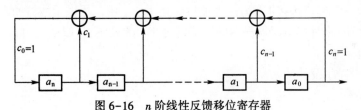

图 6-16　n 阶线性反馈移位寄存器

原信号的多项式为 $f_1(x) = 1 + x^2 + x^3 + x^4 + x^8$,抽头系数 $c_0 = c_2 = c_3 = c_4 = c_8 = 1$,其余系数为 0。噪声信号的多项式为 $f_2(x) = 1 + x + x^4 + x^5 + x^{12}$,移位寄存器阶数为 12,$c_0 = c_1 = c_4 = c_5 = c_{12} = 1$,其余系数为 0。经过线性反馈移位寄存器移位后的信号从 FPGA 中输出,即可产生题目要求的数字信号。

（三）同步信号提取

数字信号采用曼彻斯特编码时,编码规则为:"0"码用"01"表示,"1"码用"10"表示。原信号、曼彻斯特编码信号及同步信号的波形如图 6-17 所示。

同步信号提取的过程可以分为频率同步和相位同步两个过程。

频率同步需要根据输入信号的频率变化进行自适应调整。由于曼彻斯特编码避免了长 0 和长 1 的出现,且长间隔的持续时间为短间隔持续时间的 2 倍。频率同步可以通过高速时钟计数得到长间隔的持续时间,经过统计平均后得到精确的频率值。

相位同步是为了确保同步信号的跳变边沿与码元跳变边沿一致,从而得到稳定的同步信号。比较编码信号与同步信号上升沿的位置可知,正确的同步信号上升沿变化遵循

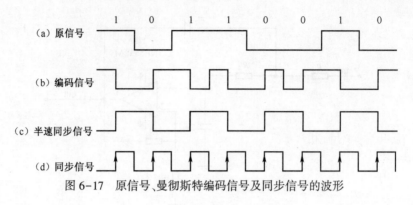

图 6-17　原信号、曼彻斯特编码信号及同步信号的波形

以下规律:

(1) 编码信号波形每经过一个长间隙,同步信号翻转。

(2) 编码信号波形经过两个连续变化的短间隙,同步信号翻转。

根据这个变化规律,接收端实时检测当前编码信号的上升沿和下降沿。结合已得到的频率值,以短间隔持续时间的1.5倍作为门限值,当接收信号跳变间隔大于门限值,则认为经过了一个码元时间,同步信号翻转;当接收信号跳变间隔小于门限值,同步信号不翻转,只有在接收到连续两个短间隔时同步信号才翻转。这时得到的同步信号与编码信号具有一致的跳变边沿,但速率为编码信号速率的一半,如图6-17(c)所示。因此,在同步信号的跳变中点再进行一次跳变,从而产生同频的同步信号。

(四) 眼图显示方法

用示波器一个端口跨接 V_4,另一个端口跨接 V_{4-syn} 用以提供示波器的水平扫描周期,选择上升沿触发,此时在示波器显示的图形即为 V_{2a} 的眼图,从眼图上可以观察信号受信道噪声的影响情况。

三、电路与程序设计

(一) 电路设计

1. 低通滤波器

滤波器部分的任务为将 FPGA 输出的信号 V_1 进行滤波和放大。系统采用双通道运算放大器 NE5532(带宽增益积为10MHz)实现两级两阶的有源滤波器,并选用线性衰减电路与运算放大器 LF357 电路联合使用实现增益在0.2~4.0范围内可调。截止频率为200kHz 的低通滤波器的原理图如图6-18所示。

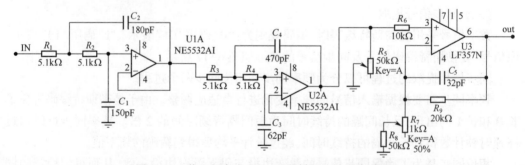

图 6-18　截止频率为200kHz 的低通滤波器电路图

经过滤波器输出后的数字信号(经放大后最高 20V)与伪随机信号(最高 5V)叠加后的信号最大可达到 25V。为将信号送入 DSP 处理,需先将信号进行调理(信号调理电路见本作品后面的附图 2),将电平调整到 ADC 的可输入范围,再将处理后的信号送入数字分析电路部分。

2. 噪声电平调整电路

由于 FPGA 采用 50M 高精度晶振,内部带有锁相环,稳定时钟频率,通过分频可产生数据率为 10Mb/s 的伪随机序列,且误差绝对值不大于 1%,为了实现其幅度 100mV TTL 可调,选用一个 4.7kΩ 高精度电阻和一大一小两个高精度电位器(分别为 100kΩ 和 200Ω),三者构成线性分压电路,通过大电位器进行粗调和小电位器细调达到误差绝对值不大于 10% 的标准。线性分压电路如图 6-19 所示。

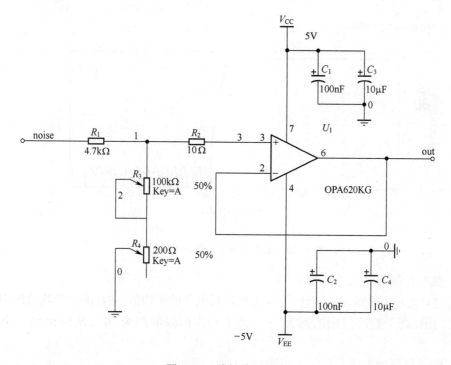

图 6-19　线性分压电路

$$V_{\text{out}} = \frac{R_3 + R_4}{R_1 + R_3 + R_4} \cdot V_{\text{in}}$$

因为 $R_1 \ll R_3$,当 $R_3 = 100\text{k}\Omega$ 时,$V_{\text{out}} \approx 5\text{V}$,当 $R_3 + R_4 = 96\Omega$ 时,$V_{\text{out}} = 100\text{mV}$。

(二)系统程序设计

本系统使用了 FPGA、DSP、CPLD,分别实现了生成 m 序列及对同步信号的提取等功能。

1. 信号源产生

产生数字信号 V_1 需要设计 8 级线性移位寄存器,根据生成多项式 $f_1(x) = 1 + x^2 + x^3 + x^4 + x^8$,判断出线性移位寄存器的反馈系数。将寄存器移位产生的 V_1 信号及其同步时钟信号 $V_{1-\text{clock}}$ 输出 FPGA。信号的数据率通过 FPGA 分频得到不同的速率,速率范围为 10~100Kb/s,按 10Kb/s 步进调整。

伪随机信号 V_3 的产生与 V_1 类似,根据生成多项式 $f_2(x) = 1 + x + x^4 + x^5 + x^{12}$,计算出移位寄存器的反馈系数,以 10Mb/s 的数据率产生信号。

对数字信号 V_1 进行曼彻斯特编码,用"01"替代"0","10"替代"1",编码后信号按分频速率与原信号同时输出。

2. 低通数字滤波器

在提取同步信号之前,应先对输入 DSP 的信号进行滤波。可设计一个 FIR 数字低通滤波器,滤去噪声,以更好地提取同步信号。

根据 FIR 滤波器的频率特性,利用 MATLAB 计算出滤波器系数。我们设置 FIR 滤波器的阶数为 64 阶。该滤波器的幅频特性曲线如图 6-20 所示。

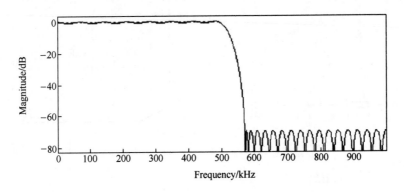

图 6-20 低通滤波器的幅频特性曲线

3. 数字比较器

通过对高低电平的多次统计,分别求出高低电平的平均值,并将两个平均值的中点作为判决门限,高于判决门限的判为"1",低于判决门限的判为"0",从而得到一个矩形方波。

4. 同步信号的提取

若存在外部同步信号 $V_{1-clock}$,则将其直接赋给数字信号分析电路的输出同步信号 V_{4-syn}。若不存在外部同步信号,则 DSP 从编码信号中提取同步信息。算法如图 6-21 所示。

为了兼容老式示波器的使用,进一步在 CPLD 中根据同步信号的矩形波产生出锯齿波同步信号 V_{4-syn}。

四、测试方案与测试结果

(一) 测试仪器

(1) F40 型数字合成函数信号发生器;

(2) TDS1012 数字示波器;

(3) DF1731SL3ATB 直流稳压电源;

(4) D7-92058 万用表。

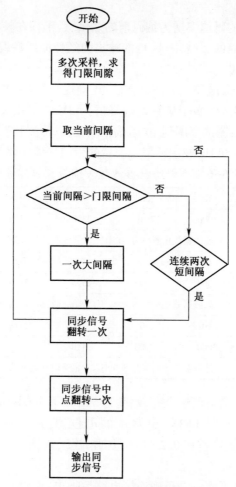

图 6-21　同步信号提取流程

（二）测试数据

1. 生成数字信号 V_1 的测试

（1）信号的波形和电平测量。正确连接电路后加电,通过示波器观察信号的波形和电平。可以看出信号幅度为 5.1V 的 m 序列信号。

（2）V_1 数据率准确度测量。按键控制输出信号的数据率,从 10Kb/s 开始,以 10Kb/s 为步进,调整信号数据率,观测信号实测数据率,多次测量记录并计算误差。数据记录于表 6-5 中。

表 6-5　数字信号 V_1 数据率的测量

理想数据率/（Kb/s）	10	30	60	100
实测数据率/（Kb/s）	10	30	60	100
误差绝对值/%	0	0	0	0

（3）V_1 曼彻斯特编码测试。

测试方法:通过示波器观察信号 V_1 的波形,同时比较此时的码速率,分析 V_1 是否成功实现了曼彻斯特编码。

由测试结果可知,V_1 的码速率增为编码前的 2 倍,且不存在长"0"或长"1",只存在两种间隔,且长间隔是短间隔的 2 倍,因此 V_1 的输出为经曼彻斯特编码后的信号。

2. 低通滤波器的测试

(1)截止频率及带外衰减测试。测试方法:正确连接电路,将滤波器部分与其他电路断开。用函数信号发生器产生多个单频的峰峰值为 3V 的正弦波信号,用示波器观测输出信号的峰峰值。应注意,测试范围到 10 倍截止频程,以检测其带外衰减的情况。表 6-6 记录了 100kHz、200kHz、500kHz 截止频率滤波器的带内幅值变化及带外衰减的情况。

表 6-6　不同滤波器的频带响应测试结果

100kHz	频率/kHz	10	50	95	100	500	1000
	峰峰值/mV	3000	2640	2300	2190	12	10
	滤波器截止频率为 101kHz,十倍频时滤波衰减 49dB						
200kHz	频率/kHz	10	100	150	200	900	2000
	峰峰值/mV	3000	2990	2500	2130	12	11
	滤波器截止频率为 203kHz,十倍频时滤波衰减 48dB						
500kHz	频率/kHz	10	50	450	500	900	5000
	峰峰值/mV	3000	3000	2430	2100	120	10
	滤波器截止频率为 500kHz,十倍频时滤波衰减 49dB						

(2)通带增益测试。增益测试:输入幅度为 5V,频率为 60kHz 的正弦信号,手动调节线性衰减电路及运算放大器 LF357 电路中的电位器,用示波器测得信号幅值可从 830mV~20V 连续调节满足增益在 0.2~4 的范围内连续调节。

3. 伪随机信号 V_3 的测试

(1)信号的波形和电平测试。正确连接电路后加电,通过示波器观察信号的波形和电平。可以看出信号 V_3 是电平为 96mV 的 m 序列信号。

(2)V_3 数据率准确度及增益范围测试。控制输出 10MHz 的 V_3 信号时,实测频率 9.997MHz,误差绝对值小于 1%,满足题目要求。

手动调节电位器,控制 V_3 的输出幅度,经过测量可得,V_3 的无失真幅度范围为 88mV~5V。

4. 眼图的观测

(1)编码前数字信号 V_{2a} 的眼图显示。未进行曼彻斯特编码前,利用数字信号发生器产生的时钟信号 $V_{1-clock}$ 进行同步,显示数字信号 V_{2a} 的眼图,输入了 10MHz、100mV 的伪随机信号。测试方法:设置 V_1 的数据率为 60Kb/s。分别显示 100kHz、200kHz 和 500kHz 滤波的眼图,并测量眼幅度。结果见表 6-7。

表 6-7　不同滤波器的眼图及眼幅度

滤波截止频率/kHz	100	200	500
是否能正确显示眼图	是	是	是
眼幅度/V	4.98	5.04	5.03

（2）编码后数字信号 V_{2a} 的眼图显示。

① 提取同步信号及眼图显示测试。选择截止频率为 200kHz 的低通滤波器,令输入信号 V_1 的幅度为 5V,50kHz 及 5V,100kHz,经过测试,发现均可提取出同步信号。50kHz 时同步信号频率为 49.999kHz,眼图显示正常。100kHz 时同步信号为 99.9995kHz,眼图显示正常。

② 信噪比。令输入信号 V_1 幅度为 5V,数据率为 50Kb/s。调整输入噪声的大小,并观察不同噪声情况下信号 V_{2a} 的眼图。记录眼图清晰时刻可输入的噪声最大值。

经过测量,我们发现,当噪声大于 2.3V 时,眼图将难以正常显示。

五、总结

本系统中 FPGA、DSP、CPLD 配合使用,通过合理的设计,实现了数字信号发生器、低通滤波器、数字信号分析电路的设计制作。本设计的创新之处在于设计了精确度较高的同步提取算法,为眼图的测量奠定了良好的基础。同时,为了与老式模拟示波器兼容,利用 CPLD 生成了周期的锯齿波信号。信号产生部分利用 LCD 实现信号数据率的同步显示,便于现场测试及观察。为了减少外部干扰,我们使用屏蔽线、信号接入端采用 SMA,并在输入端使用驱动芯片 74LS244 以提高供电电流并稳定波形。

六、参考文献

[1] 樊昌信,曹丽娜. 通信原理[M].6 版. 北京:国防工业出版社,2011.

[2] 常建平,李海林. 随机信号分析[M]. 北京:科学出版社,2006.

[3] 黄智伟. 全国大学生电子设计竞赛电路设计[M]. 北京:北京航空航天大学出版社,2006.

七、附图

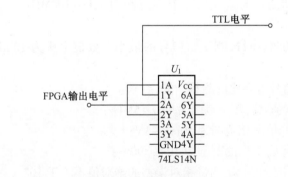

附图 1　电平转换电路

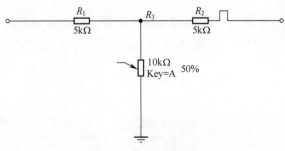

附图 2　信号调理电路

6.4 作品3 数字频率计

6.4.1 赛题要求

数字频率计(F题)

一、任务

设计并制作一台闸门时间为1s的数字频率计。

二、要求

1. 基本要求

(1) 频率和周期测量功能

① 被测信号为正弦波,频率范围为1Hz~10MHz;

② 被测信号有效值电压范围为50mV~1V;

③ 测量相对误差的绝对值不大于10^{-4}。

(2) 时间间隔测量功能

① 被测信号为方波,频率范围为100Hz~1MHz;

② 被测信号峰峰值电压范围为50mV~1V;

③ 被测时间间隔的范围为0.1μs~100ms;

④ 测量相对误差的绝对值不大于10^{-2}。

(3) 测量数据刷新时间不大于2s,测量结果稳定,并能自动显示单位。

2. 发挥部分

(1) 频率和周期测量的正弦信号频率范围为1Hz~100MHz,其他要求同基本要求(1)和(3)。

(2) 频率和周期测量时被测正弦信号的最小有效值电压为10mV,其他要求同基本要求(1)和(3)。

(3) 增加脉冲信号占空比的测量功能,要求:

① 被测信号为矩形波,频率范围为1Hz~5MHz;

② 被测信号峰峰值电压范围为50mV~1V;

③ 被测脉冲信号占空比的范围为10%~90%;

④ 显示的分辨率为0.1%,测量相对误差的绝对值不大于10^{-2}。

(4) 其他(例如,进一步降低被测信号电压的幅度等)。

三、说明

本题时间间隔测量是指A、B两路同频周期信号之间的时间间隔T_{A-B}。测试时可以使用双通道DDS函数信号发生器,提供A、B两路信号。

四、评分标准

	项目	应包括的主要内容	分数
设计报告	系统方案	比较与选择 方案描述	3

（续）

项目		应包括的主要内容	分数
设计报告	理论分析与计算	宽带通道放大器分析 各项被测参数测量方法的分析 提高仪器灵敏度的措施	8
	电路与程序设计	电路设计 程序设计	4
	测试方案与测试结果	测试方案及测试条件 测试结果完整性 测试结果分析	3
	设计报告结构及规范性	摘要 设计报告正文的结构 图表的规范性	2
	小计		20
基本要求	完成第(1)项		32
	完成第(2)项		14
	完成第(3)项		4
	小计		50
发挥部分	完成第(1)项		21
	完成第(2)项		8
	完成第(3)项		16
	其他		5
	小计		50
总分			120

6.4.2　全国一等奖作品

作品时间	2015 年全国大学生电子设计竞赛
参赛题目	数字频率计(F 题)
参赛队员	王金锐、唐敏、黄振华
赛前辅导教师	陈国军、郑娜娥
获奖等级	全国一等奖

摘要

　　本题设计一个闸门时间为 1s 的数字频率计,以 Cyclone Ⅱ FPGA 芯片 EP2C20F256C7N 为核心,采用 VHDL 编程实现。高频通道测量频率、时间间隔部分采用 AD8370 进行放大,DS92LV010 进行整形,测量占空比部分采用 TLC3501 进行整形;低频通道采用 LM358 进行放大,TLC352 进行整形;显示模块采用 DC80480B070_04 触控显示屏。采用等精度测量方法,实现 1Hz~100MHz 频率范围,10mV~1V 有效值电压的正弦信号频率、周期的测量;0.1μs~100ms 时间间隔范围,100Hz~5MHz 频率范围,50mV~1V 峰峰值电压矩形波时间间隔、占空比的测量。测试结果表明,大部分测量指标达到或超过题目发挥部分要求。

关键词:FPGA;等精度测量法;频率;时间间隔;占空比

一、总体方案选择与论证

数字频率计由频率粗测、信号放大、整形、信号测量和结果显示等部分组成。其中,信号测量部分由系统核心处理芯片完成。

1. 高频测量频率、周期、时间间隔电路的芯片选型

方案一:采用 AD600 放大,74245 整形。

方案二:采用 AD8370 放大,DS92LV010 整形。

高频信号测量频率和周期,首先需要对信号进行放大。AD8370 具有低噪声、增益可精确控制、带宽 750MHz 且价格低廉的特点;DS92LV010 是双运放、高速、低功耗、大带宽的总线收发器,带宽可达到 100MHz 以上。采用 AD8370 和 DS92LV010,既利用其大带宽,又可减小电路噪声对小信号测量的影响,故选择方案二。

2. 高频测量占空比电路的芯片选型

方案一:采用 LM319 整形。

方案二:采用 TLV3501 整形。

高频信号测量占空比时,为减小信号的失真,电路前段不进行放大,故需采用另外一种电路。TLV3501 是低电压供电的高速比较器,带宽 38MHz 左右,满足高频信号占空比测量的要求,故选择方案二。

3. 低频放大、整形电路芯片选型

方案一:采用 LM324 放大,TL081 整形。

方案二:采用 LM358 放大,TLC352 整形。

LM358 内含两个高增益、小带宽、内部频率补偿的运放;TLC352 具有超稳定、低输入的特点。采用 LM358 和 TLC352,可利用其低频小带宽滤除高频信号,两级放大提供足够增益,因此可以满足电路设计要求,故选择方案二。

4. 系统核心处理芯片选型

方案一:基于单片机的数字电路实现,采用 C8051F021 作为系统核心控制部件。该方案电路比较简单,但以 C8051F021 为核心产生的基准信号频率不高,稳定性不强,难以提高计数器的工作频率,降低了测量的精度,故不采用。

方案二:使用可编程逻辑器件 Cyclone Ⅱ EP2C20F256C7N 作为控制及数据处理的核心。EP2C20F256C7N 内部集成 4 个 PLL 锁相环,并且核心时钟的频率可以到 120MHz,能实现高速测频,解决单片机测频中因为输出频率低而无法精确测量的问题,故采用该方案。

5. 信号测量方法的选择

方案一:直接计数测量方法,将输入信号按频率划分为高频和低频两种,分别使用直接测频法和直接测周期法对其频率和周期进行测量,使用计数式测量时间间隔和占空比。该方法虽然能减少±1 个数字计数误差,但难以对低频和高频实现等精度测量,且在中间频率附近不能达到较高的测量精度,故不采用。

方案二:等精度测量方法,通过设置预置闸门信号,实现实际闸门信号与被测信号的

同步,测量整数倍个被测信号的周期,换算得出被测信号的频率,或两通道的时间间隔和占空比。该方法兼顾高频和低频,可保证测量精度和测量速度。闸门时间一定的情况下,标准频率越高,分辨率越高,误差越小,可以充分发挥 FPGA 高精度时钟的优势。

综上所述,设计数字频率计总体方案为:利用 FPGA 对输入信号二分频后进行频率粗测,将原信号分为高频和低频信号;高频通道测量频率、时间间隔的部分采用 AD8370 放大,DS92LV010 作比较器整形,测量占空比部分采用 TLV3501 整形;低频通道采用 LM358放大,TLC352 整形;测量部分以 Cyclone Ⅱ EP2C20F256C7N 为核心,使用等精度测量方法对信号的频率、周期、时间间隔、占空比进行测量,将得到的测量值输入显示电路;结果显示采用型号为 DC80480B070_04 的 LCD 触控显示屏。

二、理论分析与计算

1. 被测信号频率粗测方法的分析

采用滑动小窗机制实现对被测信号频率的粗测。其原理是:滑动窗口的大小固定不变,其位置连续变化,查询范围限定在滑动窗口中的二分频后的待测信号波形,去抖处理后,通过统计不同小窗中被测信号连续出现的"0"电平个数和"1"电平个数中的最大值,与窗长进行换算可以实现对被测信号频率的粗略估计。

具体过程为:采用长度 $T_w = 1s$ 固定不变的滑动窗口,窗口位于初始位置时,使用计数器统计被测信号在小窗内持续出现的"0"电平个数和"1"电平的个数,将其中的较大值 N_{1max} 存入锁存器中,记作 N_{max}。连续改变窗口的位置,当窗口位于第 i 个位置时,采用同样的方法得到 N_{imax},将 N_{imax} 与存储在锁存器中的 N_{max} 值进行比较,取 $N_{max} = \max\{N_{max}, N_{imax}\}$,并将新的 N_{max} 值更新到锁存器中。完成以上步骤后,N_{max} 值更新为不同小窗中被测信号连续出现的"0"电平个数和"1"电平个数中的最大值,设被测信号频率的粗测值为 f_{xest},则 f_{xest} 满足:

$$f_{xest} = \frac{N_{max}}{T_w}$$

取阈值为 $f_0 = 100kHz$,频率大于 f_0 的被测信号输入高频通道,否则输入低频通道。因实际电路中的高低频通道频率覆盖范围在 f_0 左右具有重合部分,因此 f_0 附近频率值的信号在高低频通道中均可得到适当处理。

2. 宽带通道放大器分析及灵敏度提高措施

1) 对宽带通道放大器的分析

电路中高频通道为达到 1kHz~100MHz 被测信号的测量范围,须采用宽带通道放大器。AD8370 为采用差分输入的低噪声、可实现增益精确控制、大宽带的可控增益放大器。其显著特点是输入可选择增益范围。包含小范围:-11~+17dB,大范围:+6~+34dB,噪声系数为 7dB,带宽由低频至 750MHz,具有优良的抗失真性能和较宽的带宽。

在宽输入动态范围应用中,AD8370 可提供两种输入范围,分别对应高增益模式和低增益模式。AD8370 的增益随频率值和控制字的变化如图 6-22 所示。

由图 6-22 可知,在 130MHz 的测量范围内,电压增益为一定值,能够实现对输入信号的线性放大,可覆盖题目中最大频率范围 100MHz。

2) 对提高仪器灵敏度的分析

提高数字频率计的灵敏度,一方面利用放大器对小信号进行放大,便于对信号进行计

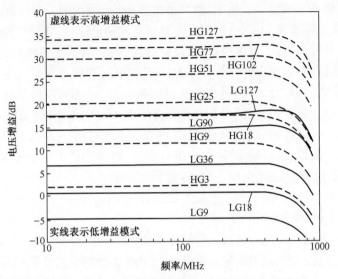

图 6-22 AD8370 电压增益随频率及控制字变化趋势图

数;另一方面要提高信号的信噪比,降低噪声。据题,被测信号为正弦波时有效值电压范围 10mV~1V,方波峰峰值电压范围 50mV~1V,为满足电路后续处理要求,至少需要将信号电压放大到数百毫伏。

为充分提高仪器灵敏度,高频通道中使用 FPGA 对 AD8370 的增益控制字进行设置,可达到大增益的要求。将 AD8370 的增益控制字设置为 HG127,电压增益达到最大,其值为 34dB。为降低噪声,采用 AD8370 单端输入方式,输出为差分方式,抑制共模噪声。

低频通道中因 LM358 增益带宽积有限,为提高放大倍数,对低频信号采用两级放大,提高对低频信号的测量灵敏度。

3. 等精度法测量频率、周期的分析

等精度测频法,又称多周期同步测频法,实际闸门时间 T_d 与预置闸门时间 $T_c = 1s$ 之间相差小于一个信号周期的长度,通过测量被测信号多个周期内基准频率信号 f_c 的计数次数,换算得出被测信号的频率。设被测信号为 f_x,其测量原理框图如图 6-23 所示,测量原理波形如图 6-24 所示。

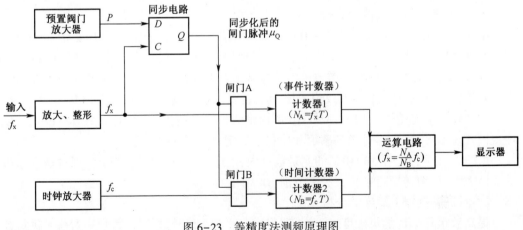

图 6-23 等精度法测频原理图

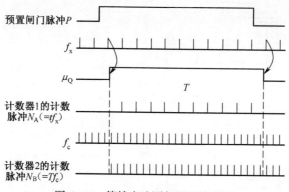

图 6-24　等精度法测频原理波形图

电路中 D 触发器是上升沿触发的,其 CP 接被测信号, D 接预置闸门信号,输出 Q 是实际闸门信号,且只有在被测信号上升沿到来时才满足 $Q = D$ 。

具体工作过程为:若预置闸门信号为低电平,无论被测信号的上升沿是否到来, $Q = D$,实际闸门信号均为无效的低电平,计数器不工作;预置闸门信号跳变为高电平时,当被测信号的上升沿到来时,触发器的输出发生跳变,闸门同时开启计数器 1、2,分别对基准频率信号和被测信号进行计数;预置闸门信号跳变为低电平时,计数器并不立即结束计数,而是等到被测信号的上升沿到来,使 D 触发器的输出跳变为低电平,关闭闸门,将计数器 1、2 同时关闭,计数停止,至此一次测量过程完成。

假设计数器基准频率信号和被测信号的计数值分别为 N_A、N_B,则被测信号的频率 f_x 和周期 T_x 如下:

$$f_x = \frac{N_A}{N_B} f_c = \frac{N_A}{T}$$

$$T_x = \frac{N_B}{N_A} T_C$$

等精度测量法在测频阶段,实际闸门时间与被测信号之间是整数倍的关系,凭借与时基信号保持同步的原理,消除了在被测信号计数器端口所产生的 ±1 个数字误差,从而提高了测量精度。不论被测信号 f_x 的取值是多少,只要实际闸门时间和基准频率信号不变,测量精度就不变,因此该方法可以实现全频段内等精度、高精度的测量。

4. 等精度法对时间间隔及占空比测量的分析

采用等精度法测量时间间隔,方法是:根据两个通道上升沿之间的时差产生一个新的周期性脉冲信号,通过计算与使用一个通道同步后的闸门脉冲对应的整数个差脉冲信号内的基准频率信号的个数,换算得到两通道间的时间间隔。其测量原理框图如图 6-25 所示,测量原理波形如图 6-26 所示。

该电路在等精度测频电路的基础上增加一个由 D 触发器构成的同步电路 2 和一个 B 输入通道,并将其输出反相后送到同步电路 2 的复位端上。同步电路 2 的触发时钟由输入通道 A 的输出经两级反相器延迟后得到。

在同步化闸门时间 T 内有 N_E 个持续时间为 ΔT_x、频率为 f_c 的基准频率脉冲串,假设经计数器 B 计数后所得的计数值为 N_F,则两通道间时间间隔如下:

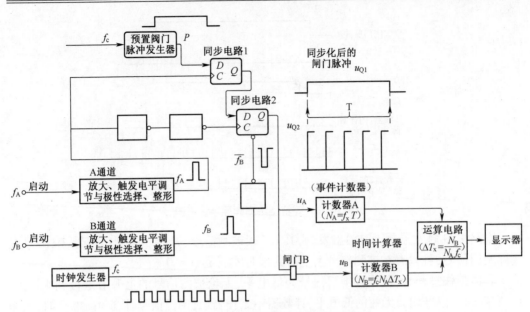

图 6-25 等精度法测时间间隔的原理图

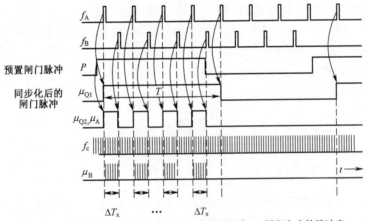

在闸门时间T内有N_A个持续时间为ΔT_x频率为f_c的脉冲串

图 6-26 等精度法测时间间隔原理波形图

$$\Delta T_x = \frac{N_F}{N_E f_c}$$

在上述基础上,仍采用等精度方法测量占空比,原理波形图如图 6-27 所示。

在测量两通道时间间隔的电路基础上,将 A、B 两个输入通道的输入端连在一起,并分别选择两个通道的触发极性,调节触发电平,使用通道 A 脉冲的上升沿与通道 B 相应脉冲的下降沿之间的时差产生另一个周期性脉冲信号,同理可以计算出两通道时间间隔与被测脉冲宽度之和,设之为ΔT_y。由工作原理波形图可以看出,在同步化闸门时间 T 内有 N_E' 个持续时间为 ΔT_y、频率为 f_c 的基准频率脉冲串,设经计数器 B 计数后所得的计数值为 N_F',被测信号的脉冲宽度为 τ,占空比为 α,则有:

$$\Delta T_y = \frac{N_F'}{N_E' f_c} = \tau + \Delta T_x$$

184

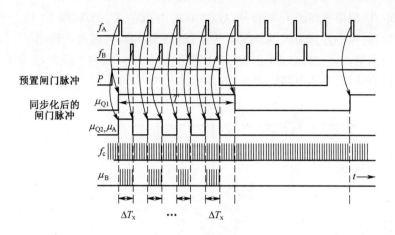

图 6-27　等精度法测占空比原理波形图

因此,可得脉宽和占空比如下:

$$\tau = \Delta T_{\mathrm{y}} - \Delta T_{\mathrm{x}} = \frac{N_{\mathrm{F}}'}{N_{\mathrm{E}}' f_{\mathrm{c}}} - \frac{N_{\mathrm{F}}}{N_{\mathrm{E}} f_{\mathrm{c}}} = \left(\frac{N_{\mathrm{F}}'}{N_{\mathrm{E}}'} - \frac{N_{\mathrm{F}}}{N_{\mathrm{E}}} \right) T_{\mathrm{c}}$$

$$\alpha = \frac{\tau}{T_{\mathrm{x}}} = \frac{\left(\dfrac{N_{\mathrm{F}}'}{N_{\mathrm{E}}'} - \dfrac{N_{\mathrm{F}}}{N_{\mathrm{E}}} \right) T_{\mathrm{c}}}{\dfrac{N_{\mathrm{B}}}{N_{\mathrm{A}}} T_{\mathrm{c}}} = \frac{N_{\mathrm{A}}(N_{\mathrm{E}} N_{\mathrm{F}}' - N_{\mathrm{E}}' N_{\mathrm{F}})}{N_{\mathrm{B}} N_{\mathrm{E}} N_{\mathrm{E}}'}$$

三、硬件电路设计

1. 信号放大、整形模块设计

高频通道测量频率、周期、时间间隔部分使用 AD8370 构成放大电路,使用 FPGA 设置其增益控制字为 HG127,使之电压增益达到最大,两片 AD8370 共同构成差分处理。将 DS92LV010 作为比较器使用,构成整形电路。具体电路如图 6-28 所示。

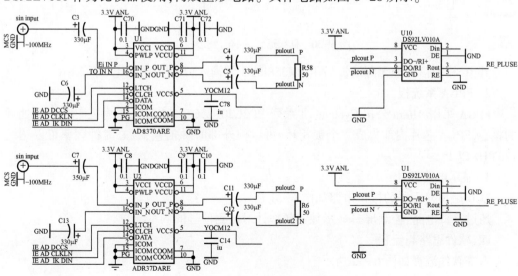

图 6-28　高频通道的放大整形模块

其中,模拟信号经滤波电容从 AD8370 的 1 脚输入,AD8370 的 16 脚经滤波电容接地,两者共同构成差分输入;AD8370 的 8 脚和 9 脚共同构成差分输出。

高频测量占空比部分采用 TLV3501 进行波形整形,接两个反相器 74AC14B 使输出波形上升沿更陡峭,具体电路如图 6-29 所示。

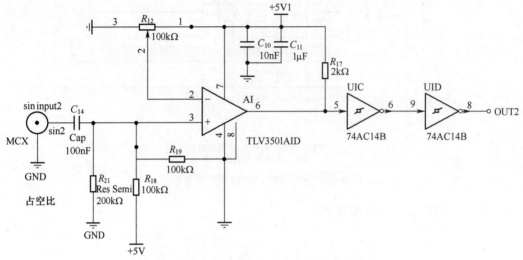

图 6-29　高频通道测量占空比部分的整形模块

低频通道使用 LM358 构成放大电路,使用两级放大。使用 TLC352 对被测信号整形,接两个反相器 74AC14B 使输出波形上升沿更陡峭,具体电路如图 6-30 所示。

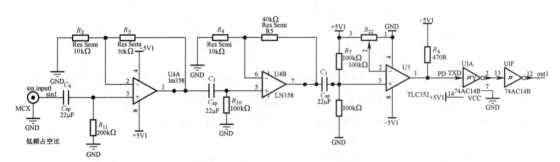

图 6-30　低频通道的放大整形模块

其中,模拟信号经无源滤波后由 LM358 的 3 脚输入,7 脚过滤波电容后输出。

2. FPGA 系统板

FPGA 采用 Altera 公司 Cyclone Ⅱ系列 EP2C20F256C7N 芯片,作为控制及数据处理的核心,FPGA 芯片内部集成 4 个锁相环,可以把外部时钟倍频,核心时钟频率可以达到 120MHz 以上。

3. 显示电路设计

LCD 触摸显示屏的接口电路如图 6-31 所示。

通过接口电路,控制屏幕显示数字频率计对被测信号的测量参数。

四、软件思路与流程

系统软件流程如图 6-32 所示。

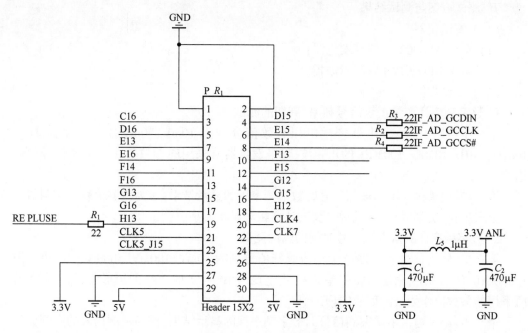

图 6-31　显示屏接口电路

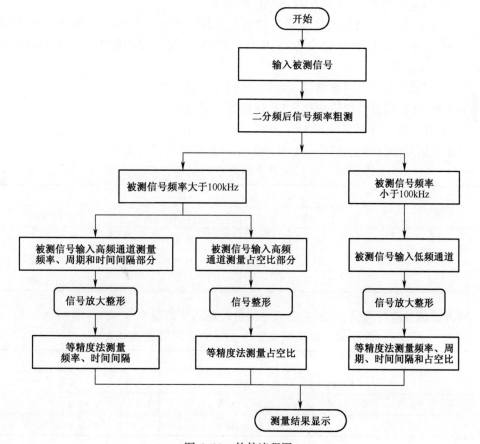

图 6-32　软件流程图

五、测试方案与测试结果

(一) 测试仪器

(1) 泰克 AFG3021C 信号发生器;

(2) 泰克 DPO2012B 双踪示波器。

(二) 测试方案

1. 数字频率计测量正弦信号频率、周期的测试

第一步:使用信号发生器产生电压有效值分别为 10mV、50mV、1V,频率为 1Hz、100Hz、5MHz、10MHz、100MHz 的正弦波,信号发生器所采用的参数值作为被测信号的理论值。

第二步:记录输入不同被测信号时数字频率计的显示结果,作为被测信号的实测值。

第三步:将实测值与理论值作比较,计算相对误差大小。

2. 数字频率计测量方波信号时间间隔的测试

第一步:使用信号发生器产生电压峰峰值分别为 50mV、100mV、500mV、1V,频率为 100Hz、10kHz、1MHz,两通道相位差为 π,占空比为 10%、50%、90% 的矩形波,信号发生器所采用的参数值作为被测信号的理论值。

第二步:记录输入不同被测信号时数字频率计的显示结果,作为被测信号的实测值。

第三步:将实测值与理论值作比较,计算相对误差大小。

3. 数字频率计测量矩形波信号占空比的测试

第一步:使用信号发生器产生电压峰峰值分别为 50mV、100mV、500mV、1V,频率为 1Hz、1MHz、5MHz,占空比为 10%、50%、90% 的矩形波,信号发生器所采用的参数值作为被测信号的理论值。

第二步:记录输入不同被测信号时数字频率计的显示结果,作为被测信号的实测值。

第三步:将实测值与理论值作比较,计算相对误差大小。

(三) 测试结果分析

对正弦信号进行测量,区间端点值的测量误差结果如表 6-8 所示。

表 6-8 正弦波频率和周期的频率计显示误差

峰峰值	频率		
	1Hz	10MHz	100MHz
10mV	4.43×10^{-5}	1.39×10^{-5}	7.71×10^{-5}
50mV	4.20×10^{-5}	1.31×10^{-5}	6.17×10^{-5}
1V	2.85×10^{-5}	1.29×10^{-5}	6.81×10^{-6}

对方波信号进行测量,区间端点值的测量误差结果如表 6-9、表 6-10 所示。

表 6-9 方波相位差为 π 时的时间间隔误差表

峰峰值	频率	
	100Hz	1MHz
50mV	7.89×10^{-3}	2.05×10^{-3}
1V	3.01×10^{-3}	1.88×10^{-3}

表 6-10　占空比在不同情况下的最大误差

占空比	峰峰值	频率	误差平均值
10%	50mV	5MHz	7.87×10^{-3}
50%	50mV	5MHz	2.57×10^{-3}
90%	100mV	5MHz	2.76×10^{-3}

详细的测试结果见本作品后面的附录。

（四）测试结论

经测试，本设计能够满足赛题要求，实现对 1Hz～100MHz 频率范围，10mV～1V 有效值电压的正弦信号频率、周期的测量，对 100Hz～5MHz 频率范围，50mV～1V 峰峰值电压矩形波时间间隔、占空比的测量。测量结果在误差允许范围之内，测量精度较好。

综上所述，本设计大部分测量指标达到或超过题目发挥部分要求。

六、参考文献

［1］黄志伟．全国大学生电子设计大赛制作实训［M］．北京：北京航空航天大学出版社，2011.

［2］徐秀妮．基于 VHDL 语言的全同步数字频率计［D］．西安：长安大学，2011.

［3］张宏亮．基于数字频率计的 FPGA 开发应用研究［D］．郑州：信息工程大学，2009.

［4］张有志．全国大学生电子设计大赛培训教程［M］．北京：清华大学出版社，2013.

［5］曾凡泰，陈美金．VHDL 程序设计［M］．北京：清华大学出版社，2001.

七、附录

附录 1　正弦波频率、周期的测量

表 6-11　正弦波频率的频率计显示

有效电压	频率				
	1Hz	100Hz	5MHz	10MHz	100MHz
10mV	1.00004Hz	100.00223Hz	5.00019MHz	10.00039MHz	100.00772MHz
50mV	1.00004Hz	100.00229Hz	5.00013MHz	10.00026MHz	100.00747MHz
500mV	1.00003Hz	100.00215Hz	5.00008MHz	10.00013MHz	100.00498MHz
1V	1.00003Hz	100.00213Hz	5.00003MHz	10.00019MHz	100.00278MHz

表 6-12　正弦波频率和周期的频率计显示误差

有效电压	频率				
	1Hz	100Hz	5MHz	10MHz	100MHz
10mV	4.00×10^{-5}	2.23×10^{-5}	3.80×10^{-5}	3.90×10^{-5}	7.72×10^{-5}
50mV	4.00×10^{-5}	2.29×10^{-5}	2.60×10^{-5}	2.60×10^{-5}	7.47×10^{-5}
500mV	3.00×10^{-5}	2.15×10^{-5}	1.60×10^{-5}	1.30×10^{-5}	4.98×10^{-5}
1V	3.00×10^{-5}	2.13×10^{-5}	0.60×10^{-5}	1.90×10^{-5}	2.78×10^{-5}

表 6-13 正弦波周期的频率计显示

有效电压	频率				
	1Hz	100Hz	5MHz	10MHz	100MHz
10mV	0.99996s	9.99978ms	199.99240ns	99.99610ns	9.99923ns
50mV	0.99996s	9.99978ms	199.99480ns	99.99740ns	9.99943ns
500mV	0.99997s	9.99979ms	199.99745ns	99.98872ns	9.99950ns
1V	0.99997s	9.99979ms	199.99745ns	99.99810ns	9.99972ns

附录 2 方波时间间隔的测量

表 6-14 相位差为 π 时的时间间隔

峰峰值	频率		
	100Hz	10kHz	1MHz
50mV	5.0418ms	49.8995us	501.0621ns
100mV	5.0261ms	50.2018us	500.1832ns
500mV	5.0166ms	50.0428us	500.1329ns
1V	5.0167ms	50.0741us	500.0261ns

表 6-15 相位差为 π 时的时间间隔误差

峰峰值	频率		
	100Hz	10kHz	1MHz
50mV	8.37×10^{-3}	2.10×10^{-3}	1.88×10^{-3}
100mV	5.22×10^{-3}	4.03×10^{-3}	3.66×10^{-4}
500mV	3.32×10^{-3}	8.40×10^{-4}	2.66×10^{-4}
1V	3.34×10^{-3}	1.48×10^{-3}	2.05×10^{-3}

附录 3 矩形波占空比的测量

表 6-16 占空比为 10% 时显示波形的占空比

峰峰值	频率		
	1Hz	1MHz	5MHz
50mV	9.7%	9.8%	10.2%
100mV	9.8%	9.9%	9.9%
500mV	10.1%	10.3%	9.9%
1V	9.9%	10.1%	10.3%

表 6-17 占空比为 10% 时的显示误差

峰峰值	频率		
	1Hz	1MHz	5MHz
50mV	3×10^{-2}	2×10^{-2}	2×10^{-2}
100mV	2×10^{-2}	1×10^{-2}	1×10^{-2}
500mV	1×10^{-2}	3×10^{-2}	1×10^{-2}
1V	1×10^{-2}	1×10^{-2}	3×10^{-2}

表 6-18 占空比为 50%时显示波形的占空比

峰峰值	频率			
	1Hz	10kHz	1MHz	5MHz
50mV	50.6%	50.5%	50.2%	49.7%
100mV	50.5%	49.6%	50.0%	50.2%
500mV	50.0%	50.4%	49.7%	50.0%
1V	50.0%	50.3%	50.1%	50.0%

表 6-19 占空比为 50%时的显示误差

峰峰值	频率			
	1Hz	10kHz	1MHz	5MHz
50mV	1.2×10^{-2}	1×10^{-2}	4×10^{-3}	6×10^{-3}
100mV	1×10^{-2}	8×10^{-3}	0	4×10^{-3}
500mV	0	8×10^{-3}	6×10^{-3}	0
1V	0	6×10^{-3}	2×10^{-3}	0

表 6-20 占空比为 90%时显示波形的占空比

峰峰值	频率			
	1Hz	10kHz	1MHz	5MHz
50mV	88.9%	90.3%	90.2%	89.3%
100mV	89.7%	90.1%	90.1%	89.5%
500mV	90.2%	90.4%	90.1%	90.2%
1V	90.1%	90.1%	90.4%	90.2%

表 6-21 占空比为 90%时的显示误差

峰峰值	频率			
	1Hz	10kHz	1MHz	5MHz
50mV	1.22×10^{-2}	3.3×10^{-3}	2.2×10^{-3}	7.7×10^{-3}
100mV	3.3×10^{-3}	1.1×10^{-3}	1.1×10^{-3}	5.5×10^{-3}
500mV	2.2×10^{-3}	4.4×10^{-3}	1.1×10^{-3}	2.2×10^{-3}
1V	1.1×10^{-3}	1.1×10^{-3}	4.4×10^{-3}	2.2×10^{-3}

6.5 作品 4 自适应滤波器

6.5.1 赛题要求

自适应滤波器(E 题)

一、任务

设计并制作一个自适应滤波器,用来滤除特定的干扰信号。自适应滤波器工作频率为 10~100kHz。其电路应用如图 6-33 所示。

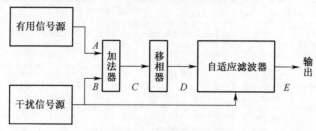

图 6-33　自适应滤波器电路应用示意图

图 6-33 中,有用信号源和干扰信号源为两个独立信号源,输出信号分别为信号 A 和信号 B,且频率不相等。自适应滤波器根据干扰信号 B 的特征,采用干扰抵消等方法,滤除混合信号 D 中的干扰信号 B,以恢复有用信号 A 的波形,其输出为信号 E。

二、要求

1. 基本要求

(1) 设计一个加法器实现 $C=A+B$,其中有用信号 A 和干扰信号 B 峰峰值均为 1~2V,频率范围为 10~100kHz。预留便于测量的输入输出端口。

(2) 设计一个移相器,在频率范围为 10~100kHz 的各点频上,实现点频 0°~180° 手动连续可变相移。移相器幅度放大倍数控制在 1±0.1,移相器的相频特性不做要求。预留便于测量的输入输出端口。

(3) 单独设计制作自适应滤波器,有两个输入端口,用于输入信号 B 和 D。有一个输出端口,用于输出信号 E。当信号 A、B 为正弦信号,且频率差≥100Hz 时,输出信号 E 能够恢复信号 A 的波形,信号 E 与 A 的频率和幅度误差均小于 10%。滤波器对信号 B 的幅度衰减小于 1%。预留便于测量的输入输出端口。

2. 发挥部分

(1) 当信号 A、B 为正弦信号,且频率差≥10Hz 时,自适应滤波器的输出信号 E 能恢复信号 A 的波形,信号 E 与 A 的频率和幅度误差均小于 10%。滤波器对信号 B 的幅度衰减小于 1%。

(2) 当 B 信号分别为三角波和方波信号,且与 A 信号的频率差大于等于 10Hz 时,自适应滤波器的输出信号 E 能恢复信号 A 的波形,信号 E 与 A 的频率和幅度误差均小于 10%。滤波器对信号 B 的幅度衰减小于 1%。

(3) 尽量减小自适应滤波器电路的响应时间,提高滤除干扰信号的速度,响应时间不大于 1s。

(4) 其他。

三、说明

(1) 自适应滤波器电路应相对独立,除规定的 3 个端口外,不得与移相器等存在其他通信方式。

(2) 测试时,移相器信号相移角度可以在 0°~180° 手动调节。

(3) 信号 E 中信号 B 的残余电压测试方法为:信号 A、B 按要求输入,滤波器正常工作后,关闭有用信号源使 $U_A=0$,此时测得的输出为残余电压 U_E。滤波器对信号 B 的幅

度衰减为 U_E/U_B。若滤波器不能恢复信号 A 的波形,该指标不测量。

（4）滤波器电路的响应时间测试方法为:在滤波器能够正常滤除信号 B 的情况下,关闭两个信号源。重新加入信号 B,用示波器观测信号 E 的电压,同时降低示波器水平扫描速度,使示波器能够观测 $1\sim2s$ 信号 E 包络幅度的变化。测量其从加入信号 B 开始,至幅度衰减 1% 的时间即为响应时间。若滤波器不能恢复信号 A 的波形,该指标不测量。

四、评分标准

	项目	主要内容	分数
设计报告	系统方案	自适应滤波器总体方案设计	4
	理论分析与计算	滤波器理论分析与计算	6
	电路与程序设计	总体电路图 程序设计	4
	测试方案与测试结果	测试数据完整性 测试结果分析	4
	设计报告结构及规范性	摘要 设计报告正文的结构 图表的规范性	2
	小计		20
基本要求	完成（1）		6
	完成（2）		24
	完成（3）		20
	小计		50
发挥部分	完成（1）		10
	完成（2）		20
	完成（3）		15
	其他		5
	小计		50
	总分		120

6.5.2　全国二等奖作品

作品时间	2017 年全国大学生电子设计竞赛
参赛题目	自适应滤波器（E 题）
参赛队员	胡昱东、韩卓茜、杨秋寒
赛前辅导教师	陈国军、陈松
获奖等级	全国二等奖

摘要

本设计以 Cyclone 系列 FPGA 芯片 EP1C12Q240C8N 为核心,主要由加法器、移相器和自适应滤波器组成。其中,加法器部分采用 AD818 芯片进行设计,通过 OP37 芯片设计的跟随器输出;移相器部分采用 OP37 芯片进行设计,通过两次移相实现对混频信号的 0°~180°移相功能;自适应滤波器部分采用改进的最小均方误差自适应(LMS)滤波算法,实现对各种给定干扰信号的滤除。测试结果表明,大部分测量指标达到或超过题目发挥部分要求。

关键词:FPGA;AD818;OP37;最小均方误差自适应滤波算法

一、总体方案选择与论证

自适应滤波器由加法器、移相器、电压跟随器、信号衰减器、自适应滤波器等部分组成。其中,自适应滤波器的设计在系统核心处理芯片中设计完成。

1. 加法器的电路选择

方案一:采用 LM324 实现加法器。

方案二:采用 AD818 实现加法器。

加法器需要将有用信号源与干扰信号源相加。由于干扰信号源可能是三角波、方波,对加法器芯片的带宽要求很大,而 AD818 具有低差分增益和相位误差、低成本、低功耗以及高输出驱动特性,并且它的 3dB 带宽为 130MHz,相比之下,更适合题目要求,故选择方案二。

2. 移相器的电路选择

方案一:采用无源桥式 RC 移相电路。

方案二:采用有源 RC 移相电路。

采用无源桥式 RC 移相电路,虽然可以在不改变有效值的情况下改变相位,但是由于电路需要两个精密电位器的阻值相等,手动调节实现起来较为困难。而采用有源 RC 移相电路,不仅同样可以在不改变有效值的条件下改变相位,同时电路中只使用了一个精密电位器,使调节相位更加便捷,解决了无源桥式 RC 移相电路调节困难的问题。故选择方案二。

3. 移相器、电压跟随器和信号衰减电路的芯片选型

方案一:采用 OP07 芯片。

方案二:采用 OP37 芯片。

OP07 是一种低噪声、非斩波稳零的双极性运算放大器。OP37 是一种低噪声、精密的高速运算放大器。OP37 不仅具有 OP07 的低失调电压和漂移特性,而且速度更高、噪声更低、增益带宽积更大且价格低廉,优势明显。故选择方案二。

4. 系统核心处理芯片选型

方案一:基于单片机的数字电路实现,采用 C8051F021 作为系统核心控制部件。该方案电路设计简单,但是以 C8051F021 为核心的时钟频率不高,稳定性不强,难以提高 ADC/DAC 芯片的工作频率,降低了对信号的采样密度与采样精度,内部可使用资源少,无法支持数字滤波计算,故不采用。

方案二:使用可编程逻辑器件 Cyclone EP1C12Q240C8N 作为系统核心控制部件。EP1C12Q240C8N 内部时钟 50MHz,频率高、稳定性强、功耗低,能够满足题目要求,故本设计采用其作为系统核心处理芯片。

5. 自适应滤波方法的选择

方案一:多种滤波器组合滤波法。利用低通、高通、带通、带阻滤波器的组合滤波器对

混频移相后的信号直接进行滤波。该方法简单直观,但由于无法预知两个信号的频率,无法确定滤波器参数,故无法采用。

方案二:直接计算方法。将混频移相后的信号直接经过低通滤波器后,将滤得的低频信号搬移后恢复有用信号。该方案虽然有理论支持,但由于有用信号与干扰信号的频率范围为 10~100kHz,无法判断混频信号中的差频和干扰信号谐波频率之间的大小关系,无法确定经过低通滤波器后保留的是否为有用信号,故无法采用。

方案三:移相比较滤波。通过给定步长对已知干扰信号进行移相,并将其与混频移相信号进行比较,直至确定混频信号移动的相位。然后将混频信号移回原有相位,再与干扰信号做减法运算,得到有用信号。该方法能够将混频信号还原至有用信号,但是由于计算量大,对 FPGA 的资源占用率大,Cyclone EP1C12Q240C8N 的资源不足以支持,故不采用。

方案四:复数最小均方误差(LMS)自适应滤波法。计算线性滤波器输出对输入信号的响应,通过比较输出与期望响应产生的估计误差,自动调整滤波器参数。该方法性能稳定,收敛速度快,抗干扰能力强,硬件实现较简单。

综上所述,设计自适应滤波器总体方案为:加法器部分利用芯片 AD818 将有用信号 A 和干扰信号 B 相加后,经过芯片 OP37 组成的跟随器将信号传递到移相器。移相器部分利用两个 OP37 构成的移相电路,使信号相位能够从 0°~180°手动调节。自适应滤波器部分以 Cyclone EP1C12Q240C8N 为核心,利用复数 LMS 算法,对混频信号进行滤波,将得到的有用信号输出。

二、理论分析与计算

1. 加法器参数设置

题目要求对频率为 10~100kHz、峰峰值为 1~2V 的两个信号相加输出,本设计采用 AD818 设计的同相求和运算电路。

为了实现差分输入,须满足 $R_N = R_P$,

其中,

$$R_P = R_1 /\!/ R_2 /\!/ R_3 , R_N = R /\!/ R_f$$

通过计算即可得到各电阻的阻值大小。

2. 移相器参数设置

题目要求移相器在 10~100kHz 范围内,实现点频 0°~180°手动连续可变相移,并且移相器的幅度放大倍数要控制在 1±0.1。

本设计采用有源移相电路,其中,改变的相位为

$$\varphi = 2\arctan(\omega RC)$$

因为,

$$0° < \varphi < 180° , \omega = 2\pi f$$

得到,

$$0° < \arctan(2\pi fRC) < 89.9°$$

$$\frac{0}{2\pi f} < RC < \frac{572.957}{2\pi f}$$

令电容为 100pF,当频率为 10kHz 时,得到

$$0 < R < 91.1889\text{M}\Omega$$

若采用一级移相,理论上可以实现0°~180°的相移,但考虑到arctan函数的特点,相移越接近180°,需要的RC越大,实际较难实现,因此采用两级移相电路,每级移相90°即可,实现简单。

两级移相电路中,若每级的电阻阻值为0,则信号直接与接地电容连接,导致移相电路输入信号消失。因此,本设计在滑动变阻器前增加一个小电阻,消除上述影响。

3. 衰减电路参数设置

题目要求有用信号A和干扰信号B的峰峰值均为1~2V,混频之后的峰峰值为2~4V,ADC采样大信号容易截顶,小信号容易失真,衰减电路使用OP37反相比例运算电路将信号衰减一半,适应ADC芯片的采样,使其不发生失真。

4. 改进的LMS算法

LMS算法由于实现简单且对信号统计特性变化具有稳健性,因而获得极为广泛的应用。采用的LMS滤波器结构如图6-34所示。

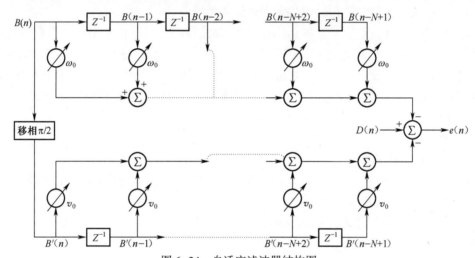

图6-34 自适应滤波器结构图

图6-34中,$D(n)$表示自适应滤波器的输入信号,$B(n)$表示干扰信号,$e(n)$表示误差信号,即自适应滤波器输出信号,N表示滤波器阶数。假设$\omega(n)$、$\nu(n)$分别表示同相和正交支路的滤波器抽头权值,$y(n)$满足:

$$y(n) = \omega(n)B(n) + \nu(n)B'(n)$$

则根据图6-34,有

$$e(n) = D(n) - y(n)$$

为了有效滤除与有用信号具有相同频率范围的干扰信号,本设计对传统LMS算法进行了改进。改进LMS算法的信号流图如图6-35所示。

则有

$$\omega(n+1) = \omega(n) + \mu B(n)e(n)$$
$$\nu(n+1) = \nu(n) + \mu B'(n)e(n)$$

以上式中,μ表示学习步长。

滤波器阶数N、学习步长μ和滤波效果直接相关。为了便于FPGA实现,同时考虑题

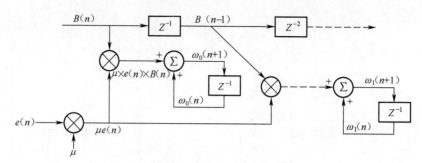

图 6-35　改进 LMS 算法的信号流图

目需求,本设计设置滤波器阶数 N 为 7,步长自适应调整。

三、硬件电路设计

1. 加法器电路设计

加法器电路使用芯片 AD818 构成同相求和电路,实现正弦波与正弦波、三角波以及方波信号的叠加。具体电路如图 6-36 所示。

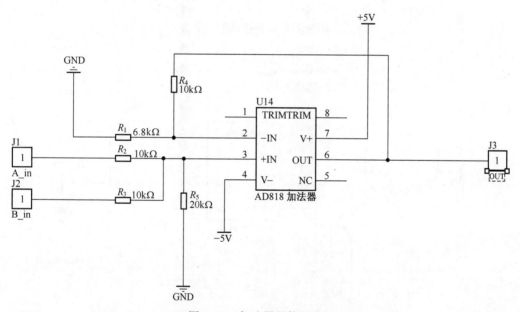

图 6-36　加法器硬件电路图

图 6-36 中,有用信号源和干扰信号源分别经过电阻从 AD818 芯片的 3 脚接入,AD818 芯片的 2 脚经电阻 R_1 接地,并且经过电阻 R_4 接输出引脚 6 脚,实现信号的等比例相加。

2. 移相器电路设计

移相器电路使用两片 OP37 构成,使其幅度放大倍数较小,并且调整滑动变阻器的阻值,可以实现相位的改变。具体电路如图 6-37 所示。

3. 衰减电路设计

有用信号源和干扰信号源叠加后的信号幅值较大,使用 OP37 构成反相比例运算电路,将混频后的信号衰减一半。具体电路如图 6-38 所示。

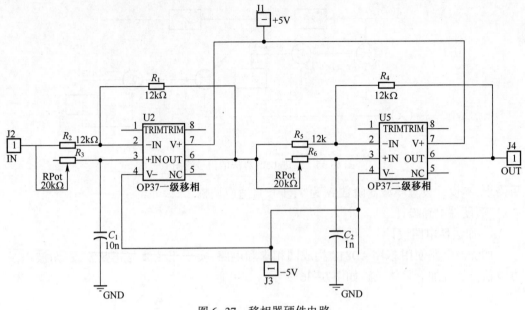

图 6-37 移相器硬件电路

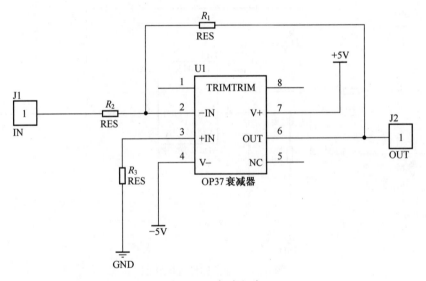

图 6-38 衰减电路

4. FPGA 系统板

1)AD 采样电路设计

由于本设计需要对混频信号、干扰信号进行独立采样,因此采用双通道 8 位单模数转换器芯片 AD9288。该芯片具有低成本、低功耗、小尺寸等特点,采用 100MS/s 转换速率工作,能够满足采样要求。AD 采样的电路设计如图 6-39 所示。

2)DA 转换电路的设计

由于本设计需要对混频、滤波后的有用信号进行还原,因此采用双通道 12 位数模转换器芯片 AD9765。DA 转换的电路设计如图 6-40 所示。

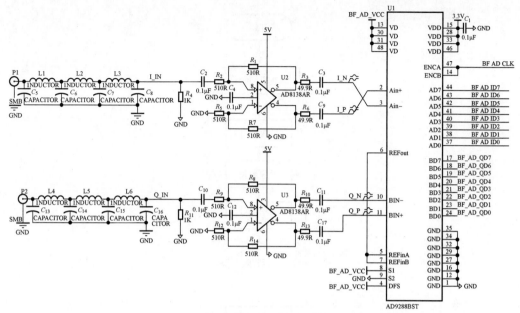

图 6-39　AD 采样电路

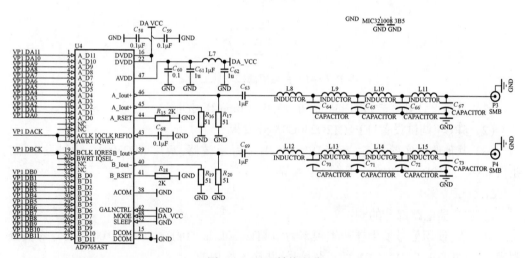

图 6-40　DA 转换电路

四、软件流程设计

本设计的软件部分主要采用改进的 LMS 算法完成自适应滤波,其流程如图 6-41 所示。

五、测试方案与测试结果

1. 测试仪器/工具

本系统包含有 AD/DA 采样功能的 FPGA 自编程硬件设计电路,整个系统比较复杂,因此采用自底向上的调试方法。先对各个单元电路进行仿真与硬件调试,在调试好的基础上再进行系统联调,最后进行硬件的编程固化与系统的组装。

本系统调试的软/硬件环境如下:

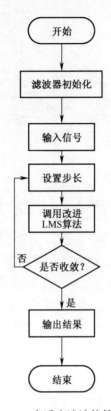

图 6-41　自适应滤波软件流程

（1）系统设计开发软件：Quartus Ⅱ 13.0，Altium Designer 13.1。

（2）FPGA 调试设备：EP1C12Q240C8N 开发板。

（3）其他测试实验设备：泰克 DPO2012B 双踪示波器，泰克 AFG3021C 信号发生器，兆信 RXN-3010D-Ⅱ双路稳压稳流电源等。

2. 测试方案

1）加法器电路部分的测试

第一步：使用信号发生器产生频率为 10kHz、30kHz、50kHz、70kHz、100kHz，峰峰值分别为 1.0V、1.3V、1.7V、2.0V 的正弦信号，并输入移相器。

第二步：将信号发生器的两路信号与加法器输入端相连，通过示波器对加法器输出端信号进行观察。

2）移相器电路部分的测试

第一步：使用信号发生器分别产生频率为 10kHz、30kHz、50kHz、70kHz、100kHz，峰峰值为 1.0V、1.3V、1.7V、2.0V 的正弦信号，并输入移相器。

第二步：将双踪示波器频道一与移相器输入端相连，频道二与移相器输出端相连，调节电位器并通过示波器进行观察。

第三步：通过观察示波器波形变化，确定移相器是否能够对单频点信号进行 0°～180°的移相功能。

第四步：通过示波器记录移相器输出信号的幅度，与输入信号进行比较。

第五步:记录结果,计算放大倍数。

3)自适应滤波器部分的测试

第一步:使用信号发生器将有用信号输入加法器。

第二步:在频率差 ≥100Hz 的情况下,将正弦波干扰信号输入加法器;在频率差 ≥10Hz的情况下,分别将正弦波、三角波、方波干扰信号输入加法器。

第三步:观察记录混频信号经过自适应滤波器后的输出信号 E 的频率和幅度。

第四步:关闭有用信号源,记录此时输出的残余电压,计算滤波器对信号 B 的幅度衰减。

第五步:测量自适应滤波器电路的响应时间。

第六步:记录结果并进行计算。

3. 测试结果分析

1)加法器电路测试结果

通过双踪示波器对加法器输入端与输出端的测量,所设计的加法器能够实现对频率为 10~100kHz、峰峰值为 1~2V 的正弦波分别与正弦波、三角波、方波相加。

2)移相器电路测试结果

移相器电路的相移测量结果见本作品后面的附录 1。

移相器输出端口幅度测量结果见本作品后面的附录 2。

3)自适应滤波器测试结果

(1)基础部分的测试。当输入信号频差≥100Hz,信号 B 为正弦波信号时,测试结果见本作品后面的附录 3。

(2)发挥部分的测试。当输入信号频差≥10Hz 时,信号 B 为正弦波、三角波、方波信号时,测试结果见本作品后面的附录 4。

4. 测试结论

通过对测试数据的计算,所设计的自适应滤波器满足对有用信号与干扰信号频率差≥10Hz 的信号滤波。恢复出的信号幅值和频率误差均小于 10%,且信号 B 的残留不大于 1%,自适应滤波器的响应时间小于 1s。测量结果在误差允许范围之内,测量精度较好。

综上所述,本设计大部分测量指标达到或超过题目发挥部分要求。

六、参考文献

[1] 清华大学电子学教研组. 模拟电子技术基础[M]. 北京:高等教育出版社, 2006.

[2] 刘开健, 吴光敏, 张海波. LMS 算法的自适应滤波器 FPGA 设计与实现[J]. 仪器仪表与分析监测, 2008, 4.

[3] 齐海兵. 自适应滤波器算法设计及其 FPGA 实现的研究与应用[D]. 长沙:中南大学, 2006.

[4] 冯冬青, 孙长峰, 费敏锐. 一种新的变步长 LMS 算法研究及其应用[D]. 郑州:郑州大学, 2000.

七、附录

附录 1　移相器电路的相移测量结果

表 6-22 移相器 0~180°相位移动

峰峰值	频率				
	10kHz	30kHz	50kHz	70kHz	100MHz
1.0V	能够实现	能够实现	能够实现	能够实现	能够实现
1.3V	能够实现	能够实现	能够实现	能够实现	能够实现
1.7V	能够实现	能够实现	能够实现	能够实现	能够实现
2.0V	能够实现	能够实现	能够实现	能够实现	能够实现

附录 2 移相器输出端口幅度测量结果

表 6-23 移相器幅度放大倍数

输入信号		输出信号		幅度差
频率 /kHz	峰峰值 /V	频率 /kHz	峰峰值 /V	/%
10	1	10	0.97	3.000
30	1.3	29.984	1.21	6.923
50	1.5	49.979	1.37	8.667
70	1.7	70.143	1.59	6.471
100	2	99.944	1.89	5.500

附录 3 输入信号频差≥100Hz,信号 B 为正弦信号时的测试结果

表 6-24 在输入信号频差≥100Hz,信号 B 为正弦信号时的测试结果(基础部分)

信号 A		信号 B		信号 E		$E(n)$ 与 $A(n)$ 误差		$B(n)$ 的残留 /%	响应时间 /s
频率 /kHz	峰峰值/V	频率 /kHz	峰峰值/V	频率 /kHz	峰峰值/V	频率误差/%	幅度误差/%		
10	1	10.1	2	10.21091	1.034	2.1091	3.4	0.8245	0.7624
10	2	10.3	1	10.18315	1.95	1.8315	2.5	0.5978	0.7144
50	1.3	47.7	1.7	48.7712	1.3195	2.4576	1.5	0.1548	0.5481
50	1.7	50.1	1.3	52.02105	1.6609	4.0421	2.3	0.4325	0.8745
100	1	99.9	2	96.7862	1.019	3.2138	1.9	0.3742	0.5782
100	2	99.7	1	99.8324	2.07	0.1676	3.5	0.3742	0.4379

附录 4 输入信号频差≥10Hz,B 为正弦波、三角波、方波信号时的测试结果

表 6-25 在输入信号频差≥10Hz,信号 B 为正弦信号时的测试结果(发挥部分)

信号 A		信号 B		信号 E		$E(n)$ 与 $A(n)$ 误差		$B(n)$ 的残留 /%	响应时间/s
频率 /kHz	峰峰值/V	频率 /kHz	峰峰值/V	频率 /kHz	峰峰值/V	频率误差/%	幅度误差/%		
10	1	10.01	2	10.40714	1.07	4.0714	7	0.7433	0.4197
10	2	10.03	1	10.37818	1.89	3.7818	5.5	0.8124	0.6613
50	1.3	49.97	1.7	47.28625	1.3832	5.4275	6.4	0.5478	0.7489
50	1.7	50.01	1.3	52.97255	1.5793	5.9451	7.1	0.5472	0.4812
100	1	99.99	2	93.9947	1.035	6.0053	3.5	0.6723	0.7121
100	2	99.97	1	94.2812	1.926	5.7188	3.7	0.7114	0.4957

表 6-26　在输入信号频差≥10Hz,信号 B 为方波信号时的测试结果(发挥部分)

| 信号 A | | 信号 B | | 信号 E | | $E(n)$ 与 $A(n)$ 误差 | | $B(n)$ 的残留/% | 响应时间/s |
频率/kHz	峰峰值/V	频率/kHz	峰峰值/V	频率/kHz	峰峰值/V	频率误差/%	幅度误差/%		
10	1	10.01	2	10.64879	1.07	6.4879	7	0.7165	0.6101
10	2	10.03	1	10.53217	1.89	5.3217	5.5	0.6495	0.5912
50	1.3	49.97	1.7	46.9229	1.3897	6.1542	6.9	0.4578	0.4813
50	1.7	50.01	1.3	54.07125	1.6031	8.1425	5.7	0.3585	0.5454
100	1	99.99	2	96.9971	1.04	3.0029	4	0.9127	0.5813
100	2	99.97	1	94.9838	1.93	5.0162	3.5	0.6123	0.6071

表 6-27　在输入信号频差≥10Hz,信号 B 为三角波信号时的测试结果(发挥部分)

| 信号 A | | 信号 B | | 信号 E | | $E(n)$ 与 $A(n)$ 误差 | | $B(n)$ 的残留/% | 响应时间/s |
频率/kHz	峰峰值/V	频率/kHz	峰峰值/V	频率/kHz	峰峰值/V	频率误差/%	幅度误差/%		
10	1	10.01	2	10.52541	1.081	5.2541	8.1	0.5478	0.6541
10	2	10.03	1	10.34128	1.894	3.4128	5.3	0.4184	0.6414
50	1.3	49.97	1.7	47.69375	1.3832	4.6125	6.4	0.4735	0.5435
50	1.7	50.01	1.3	53.06375	1.6354	6.1275	3.8	0.8431	0.8464
100	1	99.99	2	92.9875	1.049	7.0125	4.9	0.3412	0.6135
100	2	99.97	1	93.7541	1.896	6.2459	5.2	0.5413	0.4874

6.6　研究生电子设计竞赛作品

6.6.1　基于 GD32 的智能光通信定位头盔

作品来源	2018 年中国研究生电子设计竞赛
队伍名称	皮一下就很开心
参赛队员	杨松涛、韩鹏、李祥志、赵铜城、张彦奎
指导教师	巴斌
获奖等级	全国总决赛一等奖、华中赛区一等奖

　　针对地下洞库和隧道等环境下实时通信、人员定位、指挥调度、灾害预警等方面的需求,设计并研发了基于 GD32 的智能光通信定位头盔。该嵌入式终端设备通过搭载可见光通信模块并依托相关的配套系统,有效解决了长期困扰地下洞库环境下的语音通信难、定位精度低、人员监测管理困难等技术难题。同时,配套系统采用通照一体的可见光通信基站,能够实现绿色照明和智慧照明,有效减少了能源的消耗和基站布设的成本,具有十分重要的商业应用与推广价值。

　　系统的主要功能如下:

（1）无线语音。用户通过佩戴嵌入光通信模块的智能作业头盔方便地实现无线通话功能，解决地下洞库环境下人员的沟通问题，提高作业效率。

（2）人员定位。用户在就近接入基站时能够获取基站的位置信息。由于可见光通信在照明范围之外信号衰减速度快，各基站之间耦合程度低、重叠覆盖范围小，相较于传统的无线电例如 Wi-Fi、蓝牙等定位手段，能够极大地提高定位精度，使得人员定位精度在 1m 左右，能够满足实际场景需求。

（3）智能导航。基于人员定位功能，结合实际光基站安装位置信息，在事故发生时能够快速提供到达事故现场的路径结果，为快速救援提供保障。

（4）数据通信。基于光通信技术，可将智能定位头盔中嵌入的各种传感器数据通过数据链路传输至服务器。

（5）实时监控、态势感知。在服务器端以合理的方式展示用户传感器数据，便于管理人员准确掌握人员的状态信息，并快速做出决策。

（6）智能照明。集成通信与照明功能为一体的光基站能够在控制中心软件的操纵下，实现亮度和开关状态的调节，有效减小复杂地下洞库环境下照明用能源消耗。

硬件系统主要包括：①前端模拟子板，完成光信号的发送与接收，光电转换等；②光信号处理板，承载光通信空中接口，实现光信号汇聚与转发；③控制器子板，完成通信数据的封装、传输等。

作品设计关键技术包括：

（1）信号捕获/同步技术。为保证正确检测和判决所接收的码元，接收端根据码元同步脉冲或同步信息保证与发射端同步工作。

（2）时分复用技术。把时间分割成互不重叠的时段(帧)，再将帧分割成互不重叠的时隙(信道)与用户具有一一对应关系，依据时隙区分来自不同地址的用户信号，从而完成时分多址连接接入。

（3）扩频解扩频技术。在传输信息之前对所传信号进行频谱的扩宽处理，以便利用宽频谱获得较强的抗干扰能力、较高的传输速率；同时，在相同频带上利用不同码型承载不同用户信息，以提高频带的复用率。

（4）信号接收自动增益控制。提高接收微弱信号的能力并避免大信号饱和失真问题。

（5）可见光通信技术。本系统的空中接口部分采用可见光通信技术，适用于地下洞库的复杂通信环境，无信道干扰，且能够为用户的通信和数据传输提供较大带宽。

本系统将可见光通信通照一体的优势与地下工程、溶洞等实际场景有效结合，并融合移动通信相关核心技术，最终实现多用户高质量通信数据业务，解决长期困扰的地下复杂环境下生产生活的难题，具有广阔的应用前景与市场价值。作品的主要特点如下：

（1）实现通信照明设备高度集成化。

传统通信设备要么无法随身携带(有线电话)，要么个头大、质量大(无线对讲等)，成为地下工作人员的负担。本作品则将终端固定在安全帽中，具有体积小、质量小、功耗低等优势，不但方便地下工作人员的正常生产作业，还提供了更加智能便捷的通话、定位、导航等业务。

（2）实现预警救援、态势感知的智慧工业生产。

一方面，本作品能够通过挂载在终端设备上的各类传感器获取人员体征状况，实时回传，便于控制中心掌握人员动态，当遇到紧急情况时能以最快速度调动救援；另一方面，人体温度、心跳传感器与空气质量等传感器所回传的数据能够保存在数据库中，通过对过去数天、数月甚至数年的数据进行大数据分析，能够得到地下各区域环境安全态势信息以及安全防护重点区域，为实现安全生产打下坚实基础。

（3）绿色安全，低成本、高收益，适用范围广，推广价值高。

可见光通信与传统无线通信无相互干扰，且不会对人体造成伤害，不仅适用于普通民用领域，在保密性高、电磁兼容要求高的军事领域也十分适用。可见光通信兼具照明与通信功能，契合地下复杂环境中的需求，使得光基站布设成本低，性价比高。

6.6.2　基于 ADS-B 的无人机自动避让系统

作品来源	2018 年中国研究生电子设计竞赛
队伍名称	天目小分队
参赛队员	王功明、邢小鹏、秦鑫、姜宏志
指导教师	陈世文、胡德秀
获奖等级	全国总决赛一等奖、华中赛区一等奖

广播式自动相关监视系统（Automatic Dependent Surveillance Broadcast, ADS-B）是国际民航组织推荐的新一代航空监视技术，已全面应用于全球范围内的运输航空，在各个国家民航管理部门的推动下，ADS-B 技术正向通用航空领域覆盖。目前，市面上传统 ADS-B 设备几乎都是针对载人航空器研发的，价格高昂、体积大、质量重，无法应用于质量和体积都较为敏感的无人机上。本作品利用 ADS-B 技术作为检测手段，参考民用航空器的空中交通警戒和防撞系统（Traffic Collision Avoidance System, TCAS）的告警策略，基于 FPGA 平台设计了一种适用于无人机的冲突检测告警机载设备和用于无人机调度与集中管控的地面设备。

作品自主设计了一款基于 ADS-B 的无人机自动避让系统。它能够通过天线接收 500km 范围内航路上民航发出的 ADS-B OUT 信号，并在地图上实时显示，同时模拟了无人机平台自动避开禁飞区和自动避让周围有人机的功能，解决了无人机自主安全监控和故障规避的难题，形成了具有处理速度快、成本低、灵敏度高、效果好等特点的新型 ADS-B 解码显示及无人机自动避让平台。

作品设计的主要工作包括：

（1）模型构建与机制设计。为实现无人机的独立自动规避，需要考虑无人机的相互协作、告警信息传递等多方面的问题，如何实现高效、易于实时处理的规避模型、机制，是首先需要解决的技术难点问题，也是整个系统研制的出发点。

（2）硬件设计。本作品的核心为一块以 FPGA 为核心的电路板，包含 FPGA 芯片、ADC 芯片，同时集成了时钟电路、滤波器、低噪声放大器以及电源、网口模块。在电路完整性、电源适配性上都做了特殊考虑。对 ADS-B 信号预处理涉及 Verilog 语言的系统化设计，以及时钟时序的协调控制等。

(3) 软件设计。在硬件设计基础上,提供友好的显示界面与用户接口,实现跨平台、多任务的协同控制,基于 Microsoft Visual Studio 2010 开发了 ADS-B 解码软件和无人机航迹规划与显控软件,对网口发来的 ADS-B 信号进行解码显示,同时实现无人机自动路径规划和飞行冲突检测告警算法,以及对无人机飞控系统的控制。

作品的主要特点如下:

(1) 设计思路新颖。针对主被动手段应对无人机威胁有人机所面临的技术瓶颈,提出基于 ADS-B 新型技术手段解决无人机感知避让问题。

(2) 算法移植高效。将 Dijkstra 最短路径算法和最小接近点(PCA)法应用到无人机感知避让环节,提供了高效的自主路径规划和冲突解决方案。

(3) 结构特色鲜明。既借助 FPGA 并行运算的优势对 ADS-B 信息进行预处理,又利用软件解码的灵活性,可实现对 ADS-B 报文的快速高效解码,作用范围最远可达 500km。

(4) 软硬件功能完善。自主设计了多用途的机载和地面设备,并开发了 ADS-B 解码软件和无人机航迹规划软件。

6.6.3 基于拟态架构的抗攻击 DNS 原型系统设计与实验

作品来源	2018 年中国研究生电子设计竞赛
队伍名称	天域
参赛队员	任权、于倡和、谢记超、谷允捷、胡涛
指导教师	董永吉、贺磊
获奖等级	全国总决赛一等奖、华中赛区一等奖

DNS(Domain Name System,域名系统)劫持是一种网络中十分常见和凶猛的攻击手段,且通常难以察觉。DNS 劫持曾导致巴西最大银行——巴西银行近 1% 客户因受到攻击而账户被盗。近年来统计分析表明,传统 DNS 服务器存在大量安全漏洞,攻击者利用漏洞可轻易更改、删除服务器上的 DNS 记录,致使用户在使用域名进行访问时受到钓鱼网站攻击。

针对上述问题,本作品基于邬江兴院士提出的拟态防御理论,通过改变传统 DNS 服务器的静态架构来解决因互联网漏洞后门引起的网络安全问题。拟态 DNS 服务器采用动态异构冗余基础架构,并引入基于多模裁决的负反馈控制机制,使功能等价条件下的结构表征具有更大的不确定性,使目标对象防御环境具有动态化、随机化、多样化的属性。同时,严格隔离异构执行体之间的协同途径能够尽可能地消除可利用的同步机制,最大限度地发挥非配合模式下多模裁决对"暗功能"的抑制作用以及对随机性故障的容忍度。这种方式既能充分降低基于目标对象漏洞后门、病毒木马等非配合式攻击的有效性,也能充分提高系统的可靠性与可用性,还能将协同攻击的逃逸概率控制在期望的阈值之下,具有"高可靠、高可用和高可信"多位一体的系统功效。

拟态 DNS 服务器能够基于系统架构技术在给定条件下同时应对已知和未知的网络安全威胁,从而允许互联网设备中包含"有毒带菌"软硬构件,具有不依赖传统安全手段的内生安全增益,同时也具有高于传统静态同构/异构冗余技术的可靠性和可用性。在网络空间安全风险越来越大,各类信息安全事件层出不穷的环境下,本作品可以对猖獗的恶意攻击形成有效遏制与打击,对保护网络安全具有一定意义。实际攻击检验表明,本作品增加了域名劫持攻击难度,对多种攻击方式具有可靠的抵抗性和内生安全特性。

系统由拟态分发裁决单元、策略调度单元、主控单元和多个域名协议异构执行体组成。拟态分发裁决单元构成拟态域名递归服务器的数据平面,实现域名协议报文的安全检测、分发裁决和内部交换转发;策略调度单元、主控单元和域名协议异构执行体构成拟态域名服务器的管理控制平面,实现域名威胁感知和策略调度。

该系统可以通过选调器动态选取若干服务器并行处理请求,然后对各服务器的处理结果采用投票机制决定最终的有效响应,并且采用广义随机 Petri 网对系统可靠性与抗攻击性进行分析。首先,采用广义随机 Petri 网建立网络空间信息系统的抗攻击性和可靠性模型。然后,对单余度系统、非相似余度系统和拟态系统这三类典型信息系统,采用连续时间马尔科夫链分析系统状态及其稳态概率。通过仿真方法,验证了采用动态异构冗余的拟态架构在抗攻击性和可靠性方面的非线性增益。在评价指标方面,用逃逸概率、失效概率和感知概率三种概率综合刻画信息系统的抗攻击性。

对于拟态系统(3 余度)的攻击强度、重构速率以及异构不确定度的分析结果表明,拟态防御系统具有很高的稳态可用概率和稳态非特异性感知概率,很低的稳态逃逸概率,具备灵敏、准确且持久的抗攻击能力。拟态系统的可靠性和抗攻击性都明显优于单余度系统和非相似余度系统,能够用于构建同时具有"可靠性、可用性和安全性"特性的互联网信息系统。

6.6.4 高精度形变测量雷达设计与实现

作品来源	2018 年中国研究生电子设计竞赛
队伍名称	至臻精测
参赛队员	靳科、刘亚奇、李公全
指导教师	赖涛、吴迪
获奖等级	华中赛区二等奖

调频连续波(FMCW)雷达具有重量轻、集成度高、成本低的优点,可实现较大的相对带宽,能够对目标进行高精度测量及高分辨率成像,这使得 FMCW 雷达在形变监测、遥感成像、液位测量等众多领域得到了广泛应用。

形变监测是指对重要地点如矿区、大坝、桥梁等进行形变测量,以防出现危险事故和重大损失。目前经典的形变测量技术主要有水准仪、GPS 测量技术、激光扫描法等方法。水准仪、GPS 测量等技术只能测量单点形变量,因此需要在目标区进行多测量点布设,耗费大量人力物力,且目标区域大多难以实施布设;采用 GPS 技术还会受到可视卫星数量的限制。激光扫描仪虽然解决了前者测量点布设难的缺点,但测量精度较低,并且受天气的影响非常大,作用距离受限。相比之下,利用雷达可以对区域实现全天时、全天候、大范围、远距离、非接触、高精度实时观测,正逐渐成为形变测量的重要手段。

　　本作品围绕雷达高精度形变测量,充分利用 FMCW 体制优势,设计了一套 Ka 波段宽带全相参 FMCW 雷达系统,详细分析了其设计指标、系统架构以及设计流程,在此基础上,对系统进行了多方面测试,为形变测量提供了良好的性能指标和方法指导。

　　1. 作品难点

　　(1) 高质量宽带信号源。宽带信号的产生、发射、接收与处理一直是雷达领域的高难技术。为实现高精度测量与成像,要求射频链路必须拥有较高的工作频率和大绝对带宽,对于本系统而言,要求达到 Ka 波段及 4.8GHz 带宽;同时,必须保证信号在产生、发射和接收过程中都保持良好的相频与幅频特性;最后,采用解线调(dechirp)模式使得发射信号具有非常高的线性度,以保证脉冲压缩质量。

　　(2) 雷达相参性。相参性体制主要指系统各个脉冲的发射初相在整个发射接收期间一直保持稳定。非相参雷达只能利用接收信号的幅度信息来检测目标的距离和方位,限制了其使用范围,同时也不利于回波信号进行脉冲积累。相比之下,全相参雷达系统,便于直接进行脉冲积累以凸显微弱目标,同时通过接收信号的相位可以进行目标多普勒信息提取。因此,如何保证系统各个脉冲的发射初相稳定是系统设计的核心问题之一。

　　(3) 高灵敏度和大动态范围。对于 FMCW 雷达接收机来说,既需要获得近距离目标的强回波,又需要远距离目标的微弱回波,导致中频信号动态范围相当大。同时,雷达要实现远距离探测,对于微弱目标必须保证具有较高的灵敏度。

　　(4) 实时形变反演。形变监测通常要求雷达能够同时测量多个点目标上的实时形变量(如高铁过桥),以获得快速运动物体对建筑本身产生的形变影响,达到检测建筑质量、预防危险发生的目的。所以,要求雷达系统具有高数据率、高速信号存储传输及处理能力,从而得到物体的实时形变量。

　　2. 作品难点解决与创新

　　针对作品设计中的难点问题,该系统采取的方式如下:

　　(1) 高质量宽带信号源产生。基于锁相环技术,采用 HMC703LP4E 芯片获得频段为 8.6~9.8GHz 的高线性度锯齿调频信号,然后由基于 ADA2050 倍频模块的 4 倍频滤波链路得到 34.4~39.2GHz 的 Ka 波段射频信号,采用两级级联滤波器对各次谐波滤波,获得良好的相频与幅频特性,实现高频段大带宽信号的产生。

　　(2) 相参性保证。将发射信号的一路耦合到接收通道中作为接收本振,使收发信号的相位差只与耦合传输线的波程有关,保证了毫米波发射接收的相参;触发信号频率为发射时钟频率以及 AD 采集时钟频率的公约数,从而保证数字系统的全相参。

　　(3) 高灵敏和大动态实现。为保证雷达能够精确探测远距离微弱目标,首先在接收机中添加低噪声放大,尽量提高回波功率;其次,在中频电路中,设计自动频率增益控制电路,对高频(远距离目标)设置高增益,而对低频(近距离目标)减小增益,以保证弱目标探测。

　　(4) 实时性保证。雷达本身具备多点测量能力,AD 采集的雷达回波数据在 FPGA 中进行打包处理,最后由网口通过 UDP 协议传输到上位机中。在上位机中采用多线程技术及快速傅里叶变换等计算方法,实现 UDP 收包、数据处理和显示存储功能,从而达到实时形变反演的目的。

6.6.5　基于 FPGA 的 SDN 网络资源优化系统

作品来源	2017 年中国研究生电子设计竞赛
队伍名称	Cyber-Tech
参赛队员	胡涛、胡鑫、高洁、于倡和、王少禹
指导教师	董永吉
获奖等级	华中赛区二等奖

自互联网问世以来,网络业务发展极为迅猛,截至 2017 年 1 月,全球互联网用户突破 42 亿。随着互联网规模的膨胀和网络业务类型的多元化,大量网络应用(如视频会议、VoIP 网络电话、远程教育等)对网络资源需求越来越高。同时,应用的爆炸式增长也使其结构僵化问题变得越来越突出,互联网的原有结构反而成为阻碍其进一步发展的最大障碍。近些年来,软件定义网络(Software Defined Networking,SDN)架构的引入为解决上述问题带来了新的契机。

SDN 的核心思想是"数""控"分离,数据平面和控制平面完全解耦,并且在控制平面实现了软件可编程。同时,基于 FPGA 实现的 SDN 交换机为底层数据平面改造提供了可能。然而,随着网络业务的越发复杂和 SDN 对数据平面管控粒度的细化,流量传输在时间和空间上严重失衡,并且包分类的规则集规模增大,对网络带宽、TCAM(Ternary Content Addressable Memory)表项存储容量带来了极大挑战。因此,优化网络资源以保障网络质量成为当下亟需解决的热点问题之一。

本作品通过对网络中流量传输过程进行研究,深入分析当前网络在体系架构、流表压缩和负载均衡等方面存在的不足,结合现有网络技术,提出了一种基于 FPGA 的 SDN 网络资源优化系统。在系统架构方面,设计了基于分布式管理和集中式控制的双向可编程网络架构,实现了网络服务的可定制化;在数据平面,设计了支持 OpenFlow 协议的 SDN 交换机——MySwitch,并依据数据包处理流程开发了三个相应的子模块,分为包头解析器、表项压缩器和动作执行器,形成了一套完整的数据包处理方案;在控制平面,对应于底层交换机的表项压缩和动作执行硬件模块,设计了基于范围特征码的表项压缩算法和基于流量探测的链路负载均衡算法,通过软硬件的协同处理,优化了网络资源。

本作品基于 FPGA 开发板卡,采用 SDN 中转发和控制分离的总体架构。在数据平面,应用自主设计的可编程的硬件开发板构成底层网络拓扑,形成网络的基础设施。在控制平面,采用集中式控制器,完成网络状态采集、流请求处理和表项压缩、路由优化、QoS 保障等网络服务。

测试结果表明,本作品具有较好的控制层兼容性,适用于现有的主流控制器;同时就表项压缩而言,本作品能够实现高效的流表项压缩与整合,提高了 TCAM 空间利用率;在链路负载方面,也能较好地均衡不同链路上的负载分布,降低网络拥塞的产生,提高网络的服务质量,可以为用户带来更好的网络服务体验。整体而言,本作品实现的 SDN 网络资源优化系统具有以下特点:

(1) 集中式网络管理体系架构,降低运维成本;

(2) 转发与控制功能分离,方便可编程交换机部署;

（3）整合流表空间,提高数据包处理效率;

（4）维护全网链路信息,制定有效的路由规划;

（5）实时双向可编程,保证网络系统的灵活管理。

6.6.6　便携式频谱监测仪

作品来源	2016 年中国研究生电子设计竞赛
队伍名称	ZedAD
参赛队员	李公全、李春奇、毛天琪
指导教师	陈世文
获奖等级	华中赛区二等奖

随着信息技术的突破性发展,各种通信、广播、遥感、导航等无线电信号开始逐步而又全面地改变着我们的生活,同时也使得我们所处的电磁环境更加趋于复杂多变。电磁空间已经成为继海、陆、空、天之外人类活动的第五维空间,电磁空间安全的概念日益深入人心。因此,能够便捷高效地对电磁空间进行实时监控的频谱检测设备,无论在军事还是民用领域,都具有广阔的应用前景。民用领域,对考场、重要会议现场等重点场所,需要实施超宽频段的电磁监控,捕捉识别作弊、窃听、遥控等异常信号,以保证电磁静默,实现信息安全;在军事方面,通过单兵设备实现小范围内战场的电磁监控,获得敌方通信、雷达等设备的无线电信息,引导我方电子战设备进行精确干扰,在不影响我军无线电设备正常使用的情况下获得非对称优势,对于现代战争中的巷战、突击战等复杂地形作战,具有极为重要的意义。然而,市场上通用的频谱监测设备存在体积大、质量重、功耗高、价格昂贵等缺点。因此,设计一种便携式频谱监测仪具有一定的实用价值。

本作品采用软件无线电架构进行设计,工作频率范围:70MHz~6GHz,瞬时采集带宽:200kHz~56MHz,分辨率带宽:235~3750Hz,全频段扫描时间:小于 300ms,采用 12V 电池供电,可工作于扫频、突发信号监测、采集等三种模式,实现对设定频段信号的监测、采集和存储。

本作品由频谱监测仪硬件模块和上位机软件两部分组成。频谱监测仪硬件模块包含一块以 ZYNQ XC7Z020CLG484 双核 SOC 芯片为核心的 Zedboard 板卡、一块以 AD9361 射频捷变收发器为核心的 FMC 子卡,完成对信号的采集与处理,采集数据可通过网口传给上位机;上位机软件主要完成参数设置、时域波形与频谱显示、信号特征提取、系统控制等功能。

本作品在设计时综合分析了市场上现有产品的优缺点和各种实现方案,采用 Zedboard 板卡 FPGA+ARM 混合架构,以 AD9361 为射频前端核心芯片完成设计。利用 Vivado 在 FPGA 中对 IP 核进行封装,配置各种外设,ARM 与 FPGA 通过高性能接口 AXI 总线交互数据,进而利用预先封装好的 IP 核,在 FPGA 中搭建数据链路,完成对前端数据的接收、发送和对 AD9361 的控制。在 Windows 环境下开发上位机程序,完成用户交互界面和数据处理。在 TCP/IP 协议基础上,通过网口搭建了嵌入式系统和上位机之间的通信,完成整个系统的数据交互。整体而言,本作品实现的便携式频谱监测仪具有以下特点:

（1）借鉴了软件无线电思想,体积小、成本低;

（2）信号覆盖频率范围大,瞬时带宽可达 56MHz;

（3）全频段快速扫描,通过设定某一信号频段可进一步提高扫描速率;

（4）可采集存储原始 I/Q 数据,方便后续分析处理;

（5）具有突发信号实时监测与特征提取功能。

参 考 文 献

[1] 王志刚. 现代电子线路(上册)[M]. 北京:北方交通大学出版社,清华大学出版社,2003.

[2] 王志刚. 现代电子线路(下册)[M]. 北京:北方交通大学出版社,清华大学出版社,2003.

[3] 沈小丰,余琼蓉. 电子线路实验(模拟电路实验)[M]. 北京:清华大学出版社,2008.

[4] 高文焕,张尊侨,等. 电子电路实验[M]. 北京:清华大学出版社,2008.

[5] 周政新,洪晓鸥,等. 电子设计自动化——实践与训练[M]. 北京:中国民航出版社,1998.

[6] 华永平,陈松. 电子线路课程设计——仿真、设计与制作[M]. 南京:东南大学出版社,2002.

[7] 陈尚松,雷加,等. 电子测量与仪器[M]. 北京:电子工业出版社,2007.

[8] 卢坤祥,等. 电子设备系统可靠性设计与实验技术指南[M]. 天津:天津大学出版社,2011.

[9] 古天翔,王厚军,等. 电子测量原理[M]. 北京:机械工业出版社,2011.

[10] 郭炜,郭筝,等. SoC 设计方法与实现[M]. 北京:电子工业出版社,2007.

[11] 臧春华,等. 综合电子系统设计与实践[M]. 北京:北京航空航天大学出版社,2009.

[12] 陈良,等. 电子工程师常用手册[M]. 北京:中国电力出版社,2010.

[13] 陆应华,等. 电子系统设计教程[M]. 2 版. 北京:国防工业出版社,2009.

[14] 徐玮,沈建良. 单片机快速入门[M]. 北京:北京航空航天大学出版社,2008.

[15] 国防科工委科技与质量司. 无线电电子学计量[M]. 北京:原子能出版社,2002.

[16] 潘文明,易文兵. 手把手教你学 FPGA 设计[M]. 北京:北京航空航天出版社,2017.

[17] 广州市星翼电子科技有限公司. 开拓者 FPGA 开发指南_V1.2.

[18] 芯骅电子科技(上海)有限公司. 黑金 Spartan-6 开发板 Verilog 教程 V1.6.

[19] NI 公司. Integrated Design and Test Platform with NI Multisim, Ultiboard, and LabVIEW NI Circuit Design Suite—Multisim and Ultiboard. 2014.

[20] 张新喜. Multisim14 电子系统仿真与设计[M]. 2 版. 北京:机械工业出版社,2017.

[21] 许维蓥,郑荣焕. Proteus 电子电路设计及仿真[M]. 2 版. 北京:电子工业出版社,2014.

[22] 黄杰勇. Altium Designer 实战攻略与高速 PCB 设计[M]. 北京:电子工业出版社,2015.